最新

LINE

官方帳號

邁向百萬星級店家

U0087045

用 LINE 官方帳號聰明做行銷，
生意源源不絕！

滄碩，人稱 Andy Liu，他不只是一位 LINE 官方帳號行銷大內高手，同時也是一間網路公司的老闆，Andy 更幫助過無數的中小企業解決網路相關的疑難雜症。而我認識的 Andy，他還是善於教授簡報銷售技巧、網路行銷工具的企業好講師。一聽到 Andy 要出這本 LINE 官方帳號的社群銷售武功密技，他的背景與經驗肯定是最佳首選！無論你身處哪一種行業，本書絕對都值得一讀並值得你採取行動實踐。

由於 Andy 開過公司，最能了解企業老闆究竟在想什麼，也最能打中經營者的痛點，幫助老闆用 LINE 官方帳號省多賺更多。因為 Andy 擔任過企業顧問，知道不同產業的企業需求是什麼，透過本書他也會教你如何讓 LINE 官方帳號發揮到極致，讓你不再為行銷頭痛。再者，別忘了 Andy 是一位最好的銷售與行銷老師，他在本書不藏私的大方告訴大家 LINE 官方帳號的營運潛規則，如何讓路邊賣蕃薯的歐吉桑也可以簡單上手 LINE 官方帳號，讓原本經營慘淡生意的店家因學會了 LINE 官方帳號，訂單變得接不完。假如，你是開咖啡店、開餐館或美容理髮店的店家，這本書也清楚點出，如何讓你一邊做市調，一邊獲得顧客意見，進而讓顧客願意主動上門，舊顧客變得更願意掏錢回購的最佳做法。

看完本書，你就會更懂得社群行銷的力量何其大？無論你是老闆、業務銷售人員、職場工作者，都應該懂得如何透過 LINE 官方帳號做銷售。這本書是你建構社群生意的最佳指南，它不只是一本 LINE 官方帳號工具書，更是社群時代下，人手都該有一本的 LINE 官方帳號社群行銷成功手冊。坊間的社群行銷書籍眾多，我誠摯推薦你這本 LINE 官方帳號行銷解析最完整的好書。書中的內容絕對是簡單又易於上手的技巧，每個章節都搭配了一個又一個貼切的個案，讓你可以照著學，快速成為「用社群做生意的高手」！

許景泰
SmartM 世紀智庫管理顧問股份有限公司 創辦人

真心推薦
最有效的社群工具

如果有人問我「海鮮王」是如何經營海鮮饕客的社群，我一定毫不猶豫地回答是 LINE 官方帳號，這個行銷利器就是上過滄碩老師的講座才令我恍然大悟，一直突破不了臉書粉絲專頁的經營瓶頸，原來關鍵就在此。

過去藉由臉書粉絲專頁推廣，有效集客並建立品牌，「海鮮王」透過此管道與粉絲密切互動，爾後進一步鎖定族群，精準推出各種合適的商品，尤其在成立粉絲團頭一年期間，我們著實利用臉書社群媒體創造不少聲量，但隨著臉書運算機制的多次演變，粉絲專頁的經營愈加困難，「海鮮王」粉絲團突破萬人後，原本活躍的粉絲亦漸漸轉為隱性朋友，公開的互動園地降低粉絲提問興趣，如果讀者您的粉絲／潛在消費者為 35～65 歲的民眾，相信更能體會我上述的歷程。

在 2015 年 9 月接觸到滄碩老師的 LINE 官方帳號課程，發現此工具似乎更善於經營自有社群，不僅有一對一隱密的聊天室，還能群發好康訊息，光這兩點就能大大提升成交率及銷售額，讓我們從臉書單月不超過二十萬的銷售額，到經營 LINE 官方帳號四個月後，就能有單月逼近八十萬的成交量，證明此行銷利器之威力強大。

這本書就像是 LINE 官方帳號寶典，提出許多商家案例讓讀者知曉為何要經營與如何經營 LINE 官方帳號，如果您也跟我過去一樣，欠缺照顧鐵粉的好工具，不妨參照書中之步驟，定有讓您意想不到的回饋發生。謝謝 Andy！

歐庭佑
海鮮王創辦人

藉著本書的引導，
可以少走許多冤枉路

和劉老師的緣分結於 2013 年勞委會開辦的鳳凰微型創業課程，當時我受邀去指導學員網拍實戰及商品攝影的主題，劉老師當時受邀指導部落格行銷，我負責帶領學員利用網拍，不需要創業金即可以進入網路創業的領域，在正式成為一個網拍賣家之後，在行銷的主題中，我輔導學員網拍的多元行銷，劉老師負責了部落格及 FB 的行銷。我們因而有機會雙劍合璧共同輔導每一個班的學員。我們的共同目標，就是協力幫助每一個有心創業的學員。因為教學理念相同，所以這幾年我們一直保持聯絡，很高興聽到劉老師要出書的消息，更榮幸受邀寫序。

我在十幾年的網拍教學生涯中，主要是傳授學員行銷秘技，主戰場在網拍平台。但，行銷方式百百種，行銷平台更是日新月異，隨著市場的變化，消費者習慣的改變，身為行銷人，行銷當然要多元化，行銷不能一招半式走江湖，所以在課程中我常常因應學員主打商品的屬性調整，也結合了部落格行銷、FB 行銷、FB 粉絲團行銷、LINE 行銷…等，在近期的行銷課程中，因為 LINE 使用率大增，我也非常推薦學員搶先卡位 LINE 官方帳號，尤其是有實體店面的商家，非常適合用 LINE 官方帳號行動行銷，非常替讀者們開心，因為劉老師的著作，是市面上少有針對 LINE 官方帳號行銷而寫的書。

學習，就是可以藉著別人的經驗引導，跳過許多摸索的時間而少走許多冤枉路。

這本書，除了 LINE 官方帳號行銷心法之外，裡面還有步驟教學，非常適合對一般 LINE 及 LINE 官方帳號傻傻分不清楚的使用者們，劉老師的書淺顯易懂，你無須擔心年齡因素或是因 3C 恐懼症，對 LINE 官方帳號行銷卻步。照著書上一步步操作，配合書上豐富的圖表教學，帶領你一窺 LINE 官方帳號的奇妙。劉老師本身也是行銷大師，若你只把這本書當成工具書那就太可惜了，書上還有劉老師的行銷秘技，透過這本書一次傳授給你。

你的生活中一天使用到 LINE 的時間有多長？台灣已經有 2,100 萬的使用者，你可以想見其中商機有多大。一個行銷工具也絕不是僅會操作即可，LINE 官方帳號可以讓你迅速擁有好友粉絲數，但最可怕的是，行銷不當也有可能立馬被封鎖，這時你就要有很強的心臟才能承受，若是完全沒有點閱率，行銷效果上也就沒有任何意義，降低被封鎖率及提高有效好友數才是成交的王道。你的商品若能有效地結合最新的行銷工具，和客人真心互動，必定大有可為。

2014 年我出版了《網拍女王陪你打造創業夢》一書。寫書過程體驗到一本書的出版，當中作者要投入多少的心血，無數個挑燈夜戰，才能將功力幻化成一本書上市，每一本書都是作者嘔心瀝血的結晶，透過書中的技巧，可以讓讀者少走很多冤枉路，不要再自己摸索測試了，快快來拜讀這本書吧！

陳昭君

「花想容拍賣工作坊」負責人兼創意總監

再版序

從 1.0 到 2.0，開啟中小店家數位行動行銷新紀元

時光飛逝，從我首度介紹 LINE 官方帳號作為中小店家數位行動行銷利器的那一刻起，到今天，LINE 官方帳號已進化成一個更強大、更多元的工具。如今，我們站在 LINE 官方帳號 2.0 的新起點，本次改版集結了從 LINE 官方帳號 1.0 到 2.0 的豐富輔導經驗一從最初的 1,000 多家到如今超過 5,000 多家導入 LINE 官方帳號的企業，融合操作技巧與心法，在每個章節與功能介紹中，提供實用的指南，讓您能立即付諸實行，並看到實際效果。透過實地操練和注意每一個環節，我相信您也能創造屬於您的成功故事。

回溯幾年前，當我開始介紹、推廣 LINE 官方帳號時，許多店家還停留在網路廣告和傳統行銷的階段。但今天，我很驕傲地看到越來越多的店家利用 LINE 官方帳號實現了他們的行銷夢想，並成功進入了「分眾行銷」的階段！特別是 LINE 官方帳號 2.0 帶來的一系列令人興奮的新功能，如分眾標籤、分眾＋、集點卡以及優惠券和圖文選單等，這些新功能為中小企業和在地店家提供了更精準地鎖定目標客群的方法，並提供了更個性化的服務，讓店家有機會用更少的預算和時間，達到更好的行銷效果。

從 a lal sha 三天創造 12,000 好友募集，三百萬業績達標；到海鮮王網路電商 4 小時完售 300 多組海鮮披薩，再到 Queen House 法式手工甜點在地店家 3 小時完售 130 個草莓生乳捲，這些生動的成功案例不僅證明了 LINE 官方帳號的有效性，也展示了中小企業和在地店家如何利用這個強大的行動行銷工具，在數位時代創造了無窮的可能性。

開始即是成功

我們的使命始終沒有改變，那就是幫助中小企業和在地店家成功轉型至數位行銷，並通過 LINE 官方帳號與顧客建立持久而有意義的關係。在過去幾年中，我們的團隊不僅幫助許多企業成功導入 LINE 官方帳號，還見證了他們如何通過這個平台創造了令人驚喜的業績增長。

我經常告訴我的學生和輔導對象：「開始就是成功！」幾年前許多人還在猶豫、質疑是否要投入經營 LINE 官方帳號，至今真正成功的，都是那些早早採取行動的人！先做再慢慢修正，只要您願意開始，並跟隨本書的指導一步一步地實踐，我相信您也能創造屬於您的成功故事。

藉此機會，我衷心希望本書能為您的數位行銷之旅提供有價值的指引，並祝您在數位行銷的道路上一切順利，屢創佳績！

劉滄碩

目錄
Contents

Chapter
1

讓店家化被動為主動的行銷利器

💬60

❤35

Chapter 5 終極心法篇

讓店家化被動為主動的行銷利器

1.1 六十歲阿伯也會用的行動行銷利器：LINE 官方帳號 2.0

每次在介紹 LINE 官方帳號時，我都很喜歡分享一個賣地瓜、爆米香老夫妻的故事，在所有學員當中，他們年紀算是非常大，已經將近六十歲囉！他們都開始在使用 LINE 官方帳號，最初是女兒希望可以幫助父母做點事情，簡單地聽了 LINE 官方帳號介紹後，發現對於父母來說應該不會太難使用，因為分隔兩地的他們，平常就常使用 LINE 作為聯繫情感和互動溝通的工具，而 LINE 官方帳號的使用方式，繼承我們一般使用 LINE「一對一聊天」（跟好友對話功能）的方式，所以就嘗試性地幫父母建立了一個 LINE 官方帳號！

阿伯原先是推著貨車，沿路或是固定某個定點販售地瓜和爆米香，客人需要碰運氣，不知道今天會不會遇到阿伯，也不確定阿伯幾點會出現，才可以買地瓜。但是，現在使用 LINE 官方帳號之後就不一樣囉！現在每次要出外販售時，阿伯就會先使用 LINE 官方帳號的「群發訊息」（可以一次發送訊息給所有 LINE 官方帳號好友），告訴所有客人，今天下午三點會出現在安生公園擺攤。這樣一來，所有的客人都可以直接獲得訊息，不會到現場才撲空，除此之外，客人收到訊息後，還可以直接傳訊

息給阿伯，先預訂要購買的地瓜數量，不用到現場等待，當地瓜快烤好時，阿伯再回傳訊息告訴客人，可以過來現場拿地瓜了。無形之中，雙方都省掉許多等待以及不確定的因素，可以更即時、更快速的直接溝通與對話。

只要會「一對一聊天」&「群發訊息」就可以做生意！

從前面的故事中，我們可以看到阿伯真正用到 LINE 官方帳號的兩個功能就是：「一對一聊天」和「群發訊息」功能。「一對一聊天」就像是我們平常用 LINE 傳送訊息給好友一樣，所以平常如果已經有使用 LINE 的習慣，對於「一對一聊天」一定不陌生，同樣地習慣轉換到 LINE 官方帳號而已。

現在，先讓我們來看看下面兩個使用介面的畫面：

你可以看出哪一個是 LINE 或是 LINE 官方帳號的使用介面呢？LINE 跟 LINE 官方帳號使用介面是不是長得很像呢？所以不用擔心不會使用 LINE 官方帳號，其實，平常若已經有在使用 LINE 跟好友聊天對話，就具備使用 LINE 官方帳號的基本技能囉！

除此之外，阿伯還用到 LINE 官方帳號獨特的「群發訊息」功能，「群發訊息」其實跟我們平常發訊息給好友一樣，只不過，現在我們可以一次發送相同的訊息給所有已經加入你 LINE 官方帳號的好友，輕鬆又方便！因此，只要平常有在使用 LINE 傳遞訊息，就像阿伯平常會跟女兒互相「賴來賴去」，自然而然就會使用 LINE 官方帳號！

1.1.1 LINE 官方帳號因應店家用 LINE 行銷、 經營困擾而誕生！

💬 LINE 官方帳號：就像是 LINE 群組功能的加強版！

許多人第一次聽到 LINE 官方帳號都會想說跟 LINE 有什麼不同？究竟什麼是 LINE 官方帳號？通常，為了幫助大家可以快速地瞭解什麼是 LINE 官方帳號，我都會簡單的介紹：你可以將 LINE 官方帳號想像就是 LINE 群組的加強版。

相信大家都有使用 LINE「群組」功能的習慣。一般來說，群組最大的好處就是可以一次發訊息給所有加入群組的好友，即時又快速，這也是許多店家喜歡使用 LINE 作為行銷工具的原因之一，一次可以發訊息給所有客人。但是，LINE 群組也衍生了許多問題，造成店家在行銷與經營上的困擾，最常見的有下列五大項：

困擾一：店家發出訊息，容易被洗版

在 LINE 群組當中，所有的人都可以自由的發言、傳訊，對於店家在管理上十分不方便，假設我們今天有一個優惠方案想要發送，一發送到群組後，不用多，只要十幾個人傳貼圖，說讚、謝謝等等，你的優惠訊息馬上就被洗版，後面的人就不容易看到你發送的優惠訊息，非常可惜。

困擾二：氾濫的垃圾訊息充斥

LINE 群組只要有人加入後，就可以隨意地發送訊息，因此我們常常會接受到林小姐、劉小姐、陳小姐等等發來的訊息（汽車貸款），甚至還有人在其中濫發廣告訊

息、傳直銷商品資訊等等；此外還有些人常常只要有新貼圖就會發送到群組當中，或是固定每天都會說早安，或是常常發送笑話、影片，更糟糕的是許多笑話要不是兩、三年前看過，就是剛剛在別的群組當中才收到過，雖然立意良好，但畢竟不是每個人都喜歡，有時反而非常令人厭煩，店家辛辛苦苦地經營群組，想要凝聚客人、增進互動，但往往因為垃圾訊息氾濫，每天還要花費許多心力在封鎖、刪除廣告帳號，虛耗許多店家的時間成本。

困擾三、對話內容不具有隱私性

當有人加入 LINE 群組，馬上就可以知道群組當中有哪些人，不僅可以直接加入對方為好友，有些惡意操作者，還會將群組中的好友加入到其他群組當中，防不勝防，導致現在很多人都不太願意加入群組！除此之外，群組當中的對話內容，所有的人都可以看到，常常需要另外「私訊」，漸漸導致群組當中沒有人願意發言，呈現荒廢的狀態。

困擾四、LINE 好友與客人，公私混雜，容易遺漏訊息

許多店家常遇到客人要求加入店長、店員的 LINE 帳號，但是有些店家會希望個人LINE 屬於隱私部分，不希望隨便將帳號給客人加入，而且當好友人數一多之後，很容易將自己的朋友和客戶都混雜在一起，也會常常跟好友的訊息混在一起，造成漏掉客人訊息，使得管理上不方便。

困擾五、LINE 無法多人管理，權限分級不清

店家使用 LINE 作為行銷工具時，最大的問題就在於使用管理上，如果店家僅是老闆自己使用，那就單純，但是一旦要給店員管理時，就必須把個人手機交給店員管理，而個人手機通常屬於比較隱私的部分，難保店員不會濫用，或是看到一些老闆個人隱私的資訊！

此外，如果店家舉辦優惠活動或是推出新方案、產品，亦或是用餐時間、節慶假日，都可能湧入大量的訊息，同時間只能有一個人可以管理與回覆，十分不便也沒有效率，有時候讓客人等待過久，反而造成客訴、抱怨。

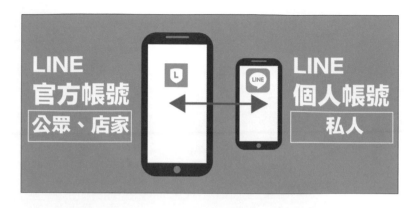

如果上述問題都是你的心聲，如今 LINE 官方帳號誕生，就能夠為你一次輕鬆解決所有問題！

解決方案一、垃圾訊息充斥問題

LINE 官方帳號雖然跟 LINE 群組一樣，具備「群發訊息」的功能，店家可以一次傳送訊息給所有的客人，但是卻不具有「群組聊天」功能，也就是說客人加入 LINE 官方帳號好友之後，他發送的任何訊息，都不會被其他客人看到，只有店家（管理員）可以看到，這樣一來就不用擔心加入的人會騷擾到其他客人，導致客人厭煩退出、封鎖。

解決方案二、克服洗版問題以及增加對話隱私

LINE 官方帳號除了具有「群發訊息」功能外，同時兼顧原先 LINE「一對一聊天」，客人傳訊給店家時，就像我們一般在使用 LINE 跟好友聊天一樣，每個訊息都是顯示在獨立的聊天室（如左圖），而不是將所有訊息一次都顯示在同一個聊天室畫面（如右圖），避免訊息洗版。

此外因為 LINE 官方帳號具有「一對一聊天」功能，客人可以直接傳訊息給店家，店家也可以直接回覆訊息，中間的過程都只有「彼此」會看到訊息，就像我們一般在使用 LINE 跟好友聊天一樣，不用擔心像群組一發訊息，全部人都會看到，非常具有私密性。

我常舉醫美診所為例：如果客人想要割雙眼皮，會不會在 LINE 群組中直接詢問醫生或護士，怎樣割雙眼皮或是價格多少？我相信很少會有人願意在群組中發問這樣隱私的問題，一發送出去還得了，全部的人不就都知道你要割雙眼皮。如今醫美診所使用 LINE 官方帳號就不一樣囉！當客人發送訊息詢問時，只有店家（管理員）可以看到訊息，其他加入 LINE 官方帳號的好友都不會看到訊息，可以有效地保障客人隱私。同樣地，許多客人在下單訂購商品時，也不願意讓別人知道自己花了多少錢或是買了什麼東西，現在透過 LINE 官方帳號都可以輕鬆解決這些問題。

解決方案三、公私分明，管理容易

以往店家使用 LINE 時，無論好友、客人都一併加入 LINE，訊息很容易就混雜在一起，開始使用 LINE 官方帳號之後，親朋好友一樣可以繼續使用 LINE，而客人就可以邀請他們加入 LINE 官方帳號，這樣訊息就可以很輕鬆地分別管理，如同下圖，在手機當中會增加一個 LINE 官方帳號 App，以後只要是客人傳送的訊息，就會出現在 LINE 官方帳號；好友傳送的訊息就會出現在 LINE 當中，不用再擔心所有訊息都混雜在一起，而漏掉某些重要訊息。

- 客人僅需要使用 LINE 就可以加入店家 LINE 官方帳號成為好友，無需改變使用習慣與下載 LINE 官方帳號 App！
- LINE 官方帳號 App 僅在店家管理使用時，才需要下載！

解決方案四、支援多人管理，輕鬆、方便有效率

LINE 官方帳號具有「多人管理」功能，最高可支援到 100 名管理員，當老闆將員工設定為管理員後，員工就可以用自己的手機下載 LINE 官方帳號 App，以自己的 LINE 帳號、密碼登入，就可以協助管理，解決店家老闆以往使用 LINE 管理時，需要將個人手機交給店員，現在不僅不用將手機交給店員，更不需要告知登入帳號、密碼，非常方便，又能保有自己的隱私。

這樣一來，當客人訊息量較多時，所有管理員都可以同時進行回覆與管理，並且會紀錄回覆訊息的管理員資料，清楚知道每一則訊息回覆者是哪一位管理員，省卻許多管理與回覆訊息時間！

所以，如果店家過往使用 LINE 有遇到以上所說的困擾，不妨嘗試看看迷人的 LINE 官方帳號這項行動行銷新利器！

> (!) 若不想用個人 LINE 帳號登入，可以利用公司 e-mail 申請一個 LINE Business ID 登入
> 使用官方帳號。

1.1.2 一次搞懂 LINE & LINE 官方帳號基本功能差異

綜合上述討論之店家使用 LINE 行銷困擾與 LINE 官方帳號解決方案，為大家簡單的整理 LINE & LINE 官方帳號基本功能的差異表如下：

LINE & LINE 官方帳號基本功能的差異表		
	LINE	LINE 官方帳號
一對一聊天功能	O	O
群組聊天功能	O	X
群發訊息	X	O
好友人數上限	5000	沒有上限
群組人數上限	500	
優惠券、抽獎券	X	O
行動官網	X	O
集點卡	X	O
圖文訊息	X	O
問卷調查	X	O
後台數據資料庫	X	O
多人管理	X	O

簡單的一句話形容 LINE 官方帳號：就像是 LINE 群組加強版，有趣、簡易操作的行動行銷工具！

> (♥) LINE 官方帳號讓你與好友、客人，公私分明，便於管理、互動！

就是這四個理由，
讓店家瘋狂愛上 LINE 官方帳號！

1.2.1 LINE 使用人數突破 2,100 萬人

LINE 在台灣，幾乎已經是每個人日常生活必備使用的行動通訊工具，使用人數已經超過 2,100 萬人，其中 20~49 歲，一般認為是主要消費群組的使用比例，就高達 62.2%，建構成一個龐大的商圈，而現在店家只要使用 LINE 官方帳號，便能夠輕鬆與 LINE 的 2,100 萬用戶串接，讓店家將商品、服務，推展到這個行動商圈當中！

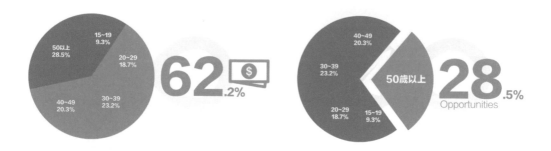

其中，更重要的數據在於 50 歲以上的使用者比例就高達 28.5%！大家試想：在過往，要 50 歲以上的族群到網路上團購、拍賣、購物，容不容易？相信不是太容易。但是，現在 50 歲以上的族群，許多都已經很習慣使用 LINE 傳訊息給朋友，就像我們前面談到賣地瓜的阿伯，他只要發送「群發訊息」給客人，客人想要訂購或預約，就可以直接用 LINE 回傳訊息訂購、預約！同樣地，以後我們透過 LINE 官方帳號發送「群發訊息」給 50 歲以上的長輩，他們如果想要購買、預約，直接透過 LINE 回傳訊息就可以辦到，非常地方便。

1 客人回傳訊息訂購

客人如果想要訂購商品，只需回傳訊息告知要購買的數量、項目。

2 不用擔心掉單

沒有傳統 LINE 群組訊息容易洗版的問題！在右圖我們可以看到，每個客人傳送訊息時，就像 LINE 一樣都是獨立的一行訊息，我們可以看到哪些未讀或是哪些已讀，不用像群組一樣，要一直滑動聊天室畫面，去確認客人訂購訊息，這樣很容易就會發生掉單，或訊息被忽略的情況。

同時不容忽略地，50 歲以上族群的消費能力並不亞於 20 ～ 49 歲之間的消費族群。而且他們常常扮演「傳播者」的角色。大家不妨回想一下：通常在群組中說早安以及轉發笑話、訊息的通常都是哪些人呢？

我們常說做生意就要往人多的地方前進，現在 LINE 已經擁有超過 2,100 萬戶的使用人數，這波由 LINE 發起的行動商機浪潮，已經狂捲襲擊而來，店家還能不趕緊看準時機、掌握機會嗎？

1.2.2 LINE 使用黏度高於 Facebook

根據資策會 FIND 調查 [1]，台灣人平均每天使用 LINE 的時間為 71.8 分鐘，遠高於使用 Facebook 的 60.5 分鐘。

除了使用時間多之外，大家試著回想一下：通常你收到 LINE 訊息之後，多久會點進去看呢？應該都不會超過一天吧！除非是討債（誤）或是你不想回覆的訊息，才會刻意地放著未讀，不然，正常情況下很快就會點選進去閱讀訊息。因此，我常常跟店家分享，重點不在於 LINE 官方帳號功能多強，而是在於消費者使用 LINE 習慣已經被養成，在台灣大家對於 LINE 的依賴度、使用時間都越來越高，所以，若是我們可以有效地運用 LINE 官方帳號，就能夠輕鬆的串接 2,100 萬使用 LINE 的族群，創造商機。

💬 重點不在 LINE 官方帳號功能多強，而是消費者習慣已經被養成！

1.2.3 不可思議！ LINE 官方帳號優惠券開封率高達 30%

---

1 資策會創新應用服務研究所 FIND 團隊結合 Mobile First 研究調查：「2014 臺灣消費者行動裝置暨 App 使用行為研究調查報告」

相較於傳統發傳單、發送電子報、簡訊來說，使用 LINE 官方帳號效果非常顯著，以往若有發送電子報經驗的店家會發現，其開封率非常的低，花了許多時間、金錢，設計電子報發送，真正會點擊來看的人少之又少，甚至許多信件根本都直接落到垃圾信箱當中，而傳單的效果又更差，現在人的防備心越來越重，在馬路上發送傳單，很多人根本都不想拿，即便拿了，還常常會看到對方馬上就把傳單揉成一團或是直接丟到地上。

如果使用 LINE 官方帳號，情況就不一樣囉，店家不需要再花費時間、金錢設計電子報、傳單以及發送簡訊。店家只要將產品做好，拍個照片，利用「群發訊息」發送給所有客人，所有的客人都可以馬上收到訊息，如果再搭配 LINE 官方帳號優惠券功能使用，更可以讓開封率提升至 30%，這也是 LINE 官方帳號厲害的地方，30% 還只是平均值，如果運用得當，開封率還會更高喔！

1.2.4 低成本、有效才是真正王道！

中小店家進行行銷時常常遇到的一個問題就是：「行銷預算有限」，沒有足夠的經費購買關鍵字廣告、Facebook 廣告等等。使用 LINE 官方帳號，完全免費申請、免費使用，還有每個月可以發送 500 則訊息的免費方案，並且能夠真正有效為店家提升銷售業績。

低成本、有效才是 LINE 官方帳號真正最令店家瘋狂的地方！

1.3 LINE 官方帳號四大利器，一用就熱賣，不用再聽天由命！

前面提到 LINE 官方帳號讓店家瘋狂愛上的四大理由，那麼，究竟實務上 LINE 官方帳號是如何幫助中小店家提升業績呢？

▶ 群發訊息：一次發訊息給所有好友，即時有效！

透過「群發訊息」店家可以輕鬆地將商品資訊發送給所有客人，快速傳遞優惠訊息，100% 觸及率，客人即時收到訊息，創造訊息高開封率，快速有效！

▶ 一對一聊天：快速拉近關係、建立信任，提升成交率！

可讓你直接收到客戶的諮詢、預約、訂單，透過一對一與顧客聊天，可即時回應客人需求，快速拉近與客戶之間的距離、建立信任以提升成交率！

▶ 優惠券：抽獎券 30% 超高開封率！

透過優惠券／抽獎券，可以立即與客人互動，持續保持互動、建立關係，創造趣味性，同時具有 30% 超高開封率。

▶ 集點卡：最能創造回購率的行銷工具！

集點卡可以快速募集好友，增進互動、趣味性外，更可以有效地「黏住」客人，提升回流與回購率。

詳細功能應用與行銷心法，將在第四章與大家分享！

1.4 三種官方帳號 一看就懂！

聽了前面 LINE 官方帳號的優勢後，相信你應該已經躍躍欲試，想趕緊申請 LINE 官方帳號，不過在申請之前，我們先來瞭解一下 LINE 官方帳號三種不同型式的帳號：一般官方帳號 & 認證官方帳號 & 企業官方帳號！

▶ LINE 一般官方帳號：目前全面開放申請，不管是不是店家都可以申請！換言之，就算你是個人想要使用 LINE 官方帳號，也可以直接申請一般帳號。

▶ LINE 官方認證帳號：顧名思義就是要經過 LINE 官方「審核認證」才可以，目前僅開放給中小店家、公司行號、社團法人申請，如果是「個人身份」，就不能申請認證帳號喔！

> ⚠ 無論申請「認證官方帳號」或是「一般官方帳號」，都是完全免費喔！

▶ LINE 企業官方帳號：此種帳號過去價格較高，適合全國性企業、品牌，不屬於原本 LINE@ 生活圈的帳號，現在已整合進官方帳號，但此種帳號使用者無法主動申請，須由 LINE 官方視認證帳號經營狀況邀請升級！

1.4.1 「認證官方帳號」之認證標準說明

認證帳號主要以該帳號的服務是否合法且合乎 LINE 官方帳號服務條款之規定為考量。核可與否，由 LINE 官方帳號審核團隊做裁定。

1.4.2 如何辨識「一般官方帳號」、「認證官方帳號」以及「企業官方帳號」

如果你已經申請 LINE 官方帳號或者想要知道別的店家究竟是哪一種帳號該怎麼辨識呢？

第一、在 LINE 好友列表當中，你可以看到有些好友 / 帳號名稱前面會多出一個「盾牌」，我們可就盾牌的顏色來辨識：

綠色 / 企業官方帳號　藍色 / 認證官方帳號　灰色 / 一般官方帳號

❶ 藍色盾牌：代表　認證官方帳號

❷ 灰色盾牌：代表　一般官方帳號

❸ 綠色盾牌：代表　企業官方帳號

另外如果你已經有申請一般官方帳號或認證官方帳號且手機有下載 LINE 官方帳號 App，可以直接打開 App，點選主頁，在帳號名稱左邊，可以看到帳號的狀態。

📱 動手試試看：打開手機 LINE 官方帳號 App → 主頁，可找到下圖畫面！

由你的帳號前顯示的盾牌顏色就能判斷出你的官方帳號是哪一種類型了！另外為了方便講解，後續本書以下簡稱一般官方帳號為「一般帳號」，認證官方帳號為「認證帳號」，企業官方帳號為「企業帳號」，由於企業帳號無法自行申請，故本書討論以一般帳號及認證帳號為主。

1.4.3 一般帳號 & 認證帳號 & 企業帳號差異比較表

LINE 官方帳號 之 一般帳號 & 認證帳號 差異比較表			
	一般帳號	認證帳號	企業帳號
功能面比較			
群發訊息	O	O	O
一對一聊天	O	O	O
歡迎訊息	O	O	O
自動回應	O	O	O
優惠券、抽獎券	O	O	O
行動官網	O	O	O
集點卡	O	O	O
貼文串	O	O	O
問卷調查	O	O	O
分析	O	O	O
公版娃娃海報製作	X	O	O
審核功能			
基本審核功能	X	O	O
進階審核功能	X	X	O
購買加值服務			
購買專屬 ID	O	O	O
購買推廣方案	O	O	O
購買官方輔銷品	X	O	O
曝光性比較			
在 LINE 好友列表可被搜尋	X	O	O
官方帳號列表出現 / 搜尋	X	O	O

* 基本審核功能為：免費貼圖上架、LINE LIVE、LINE NOW、LINE Beacon、BC HUB、發票模組、Switcher API

* 進階審核功能為：Custom Audience Message(AM)、Notification Message(PNP)

1

讓店家化被動為主動的行銷利器

1.5 LINE 認證帳號 讓你擁有更多曝光資源

1.5.1 熊大兔兔海報製作功能

認證帳號可以協助你的店家擁有許多的曝光資源。當你申請通過「認證帳號」，在管理後台就會有一個功能選項，可以讓你製作可愛的熊大、兔兔海報，不用另外花錢請設計師就能做到喔！

💻 動手試試看：打開電腦管理後台 → 主頁 → 增加好友人數 → 增加好友工具 → 店頭宣傳
→ 建立海報

> ⚠️ • 「製作海報」的功能目前僅開放給認證帳號使用。
> • 熊大、兔兔、饅頭人等 LINE 角色因有角色肖像權，請勿任意更改其圖像。

1.5.2 搜尋曝光度提升

「認證帳號」最大的好處就是可以被搜尋到。相信大家都有使用搜尋引擎的習慣，今天想要吃什麼義大利麵，或是要到哪邊旅行，就會先上網搜尋，查找一下有什麼推薦的餐廳或是民宿。同樣地，現在店家通過官方帳號的「認證帳號」申請，只要有人在使用 LINE 搜尋好友、聊天訊息，就有機會被列出，而且現在還可以用「搖一搖」的功能，不僅是運用在搜尋好友上，還可透過搖一搖，就會針對你所在的地方，搜尋列出附近「認證帳號」的店家喔！

LINE 好友搜尋處

▶ 打開手機 LINE → 好友 → 搜尋想要查詢的「關鍵字」。

例如左圖，當我們搜尋「咖啡」時，不僅僅會找出名稱有「咖啡」的好友之外，還會將所有認證帳號中有「咖啡」的店家，都列出來！

LINE 聊天對話視窗

▶ 打開手機 LINE → 聊天畫面 → 搜尋想要查詢的「關鍵字」

例如右圖，當我們在好友聊天對話視窗，搜尋「蜂蜜」時，不僅會找出聊天訊息中包含「蜂蜜」的訊息之外，同樣的也會將所有名稱含有「蜂蜜」的「認證帳號」店家秀出來喔！

LINE 設定畫面中官方帳號列表

▶ 打開手機 LINE → 主頁 → 服務 → 選擇「官方帳號」→ 點選「類別」

目前在 LINE 主頁當中，會有一個「服務」列，其中會有一個「官方帳號」選項！如果沒有顯示，可以點選「顯示全部」，即可看到！

進入「官方帳號」後，最上面就可以看到搜尋框，可以針對「帳號名稱」、「ID」或「業種」搜尋你想找的關鍵字。

畫面下方也可以看到「類別」，點選後就會看到左圖，依據不同的行業類別，列出企業帳號和認證帳號！

大家可以發現，申請認證帳號好處多多，還可以增加許多曝光的機會，心動了嗎？想要趕緊申請「認證帳號」嗎？讓我們繼續看下去！

跟著這樣做，「認證帳號」快速申請通過！ 獨家

在申請「認證帳號」之前，先跟大家說明一下，目前提出認證帳號申請，LINE 官方規定必須要付費購買「專屬 ID」，才能成為「認證帳號」，除此之外完全不用任何費用喔！只要符合資格，就可以申請「認證帳號」。

LINE 官方帳號的「認證帳號」目前僅開放給中小店家、公司行號、社團法人等申請。如果是「個人身份」，就不能申請認證帳號。

 「認證帳號」目前暫不開放公眾人物、專業人士業種、個人申請！

目前開放業種：餐飲、購物、零售、美容、沙龍、學校、娛樂、休閒相關、生活相關服務、醫療相關、補習相關服務、旅行社、旅館、汽機車、交通、租車、婚禮相關、法律、會計事務所、銀行、保險、金融、其他在地店家、活動、中央行政機關、地方行政機關、內部單位、政黨、企業、組織、品牌、商品、電視、雜誌、報紙、廣播與其他媒體（實際仍以官方公佈為主）。

目前申請 LINE 官方「認證帳號」有兩種方式：

▶ 直接跟 LINE 官方申請。

▶ 委託官方帳號合作單位：天長互動創意，進行申辦。

跟 LINE 官方申請費用是「免費」，但透過 LINE 官方合作單位申辦，手續、流程會更快速與簡化，但會收取代辦手續費，差異說明如下：

讓店家化被動為主動的行銷利器

1

1.6.1 快速通關秘技一：專案預先審核

透過官方帳號合作單位：天長互動創意，認證帳號送審時，會採用「預先審核」的方式，讓店家在一開始送件時，就可以知道哪些是不符合申請資格，哪些地方需要注意可能需要補件，一次在事前申請就搞定，可以加快送審速度。而官方審核，則是採用「送審後審」，當店家填寫申請表單後，才開始審核，有時候資格不符或是需要補件，反覆往來較花費時間。

1.6.2 快速通關秘技二：僅需準備委託書資料

透過官方審核「認證帳號」，通常需要附上營利事業登記證、店家門市照片、委託書、申請人在職證明等相關文件，而委託官方帳號合作單位 - 天長互動創意，則可以省去準備這些文件資料，只需要準備委託書證明委託申請即可。其他營利事業登記證等資料，都會透過事前審核預審，而不需要另外附上文件。

1.6.3 快速通關秘技三：認證代辦 x 快速通關

天長互動創意提供認證帳號申請快速通關服務，店家如果想要申請認證帳號，可以透過電話、MAIL 等管道與我們聯繫。

如果你原先就申請過「一般帳號」尚未通過認證，或是申請過「認證帳號」尚未通過的店家，都可以直接透過天長互動創意，提出「認證帳號」申請喔！

- 天長互動創意有限公司
- 電話：02-7742-0418
- 官網：https://TCSky.cc
- 認證帳號快速申請：
  https://tcsky.cc/lineoa-easypass/

「認證帳號」申請方式比較表		
	LINE 官方	**LINE 官方合作單位**
申請資格		
須有公司營登或政府合法營業許可證，需購買專屬 ID		
送審時程與方式		
審核時程	約 2 ～ 4 週不等	正常一週內
處理方式	按照送審時程	專案處理
案件送審前，事前審核	採「送審後」審核	採「送審前」審核
	送審後才會通知是否需要補件或是有錯誤部分，往返較耗時間。	有相關無法通過原因、或則需要補件部分，會先行告知，節省錯誤往返的時間。
送審需準備文件		
營業商店之內、外照片	O	視情況
申請人之員工識別證或在職證明	O	X
公司 / 商業設立登記	O	X
商標註冊文件（品牌、商品類）	視情況	視情況
專利註冊文件（商品類）	視情況	視情況
主管機關核發的許可證（非營利組織 NPO/ 非政府組織 NGO）	視情況	視情況
LINE 官方帳號授權書並附上公司大小章	O	O
加值服務付款方式		
	僅能綁定信用卡或使用 LINE Pay 付款	接受 ATM 轉帳／匯款（可省去綁定信用卡之麻煩）

讓店家化被動為主動的行銷利器

1.7 超簡便！LINE 官方帳號一般帳號申請流程解密

如果店家或個人不符合申請認證帳號也不用擔心，現在全面開放個人申請「一般官方帳號」，所以你仍然可以使用喔！如果是店家身份，建議直接申請「認證帳號」以獲得較高的曝光資源。

1.7.1 取得 LINE 官方帳號 App：透過手機搜尋

目前一般帳號申請，透過手機上的 LINE 官方帳號 App 申請較為方便，因此請先至 App Store (iPhone 手機) 或 Google Play 商店 (Android 手機) 直接搜尋或 LINE 官方帳號 App，會看到下圖的 LINE 官方帳號 App，點選直接下載即可。

1.7.2 申請一般帳號流程

下載完 LINE 官方帳號 App 後，直接在手機中打開，會出現 LINE 官方帳號的啟動畫面，LINE 官方帳號主要是透過 LINE 帳號來做開設的動作，因此一開始會看到「開始使用 LINE」以及「使用 LINE 帳號登入」，一個 LINE 帳號，最多可以開設十個一般帳號。

> 如果你忘記 LINE 的帳號、密碼，首先可以打開你的 LINE，在 LINE 中依序點選 [其他] → [設定] → [我的帳號]，就能設定電子郵件地址或檢視你設定的電子郵件地址。

開設官方帳號時，你可以使用下列兩種方式申請一般帳號：

▶ 開始使用 LINE：與手機 LINE 連動。

▶ 使用 LINE 帳號登入：輸入一組 LINE 帳號密碼登入。

 預設申請者就是帳號的管理員。

❶ 可選擇「使用 LINE 應用程式登入」：
會直接與你手機中的 LINE 做連動，以目前手機中使用的 LINE 帳號、密碼登入。

❷ 若不直接連動手機中的 LINE，請點「使用電子郵件帳號登入」，點選了之後會出現下面兩個選項。

❸ 「商用帳號」：若不希望使用個人的 LINE 帳號登入，或希望以公司用的電子郵件帳號登入，請透過此功能進行登入。用戶可使用平常用的電子郵件註冊一個商用帳號，以後就可以用這個商用帳號登入。

❹ 「LINE 帳號」：點選此鈕可輸入另一組 LINE 帳號和密碼登入。

注意：一個 LINE 帳號，最多只能開設十個 LINE 官方一般帳號。

輸入完 LINE 帳號、密碼後，首先會出現請你允許存取你 LINE 的資訊，點選「許可」！

然後，就可以看到下面正式申請 LINE 官方一般帳號的畫面。

❶ 帳號名稱：此為你 LINE 官方帳號對外顯示的名稱，可以自行定義、可修改，最多 20 個字，一般帳號 7 天可做一次修改。

❷ 業種及公司和 E-mail：就是行業類別的意思，「業種大分類」和「業種小分類」兩個都必須填寫！

❸ 公司和電子郵件：填入公司名稱和電子郵件。

❹ 然後點選「確定」就完成 LINE 官方帳號一般帳號申請手續。
　當你看到右邊畫面時，即代表已經申請「一般帳號」完成。

 第 1，3 項都可以在日後修改，第 2 項申請後就無法變動，請特別注意！

1.8 一次搞懂 LINE 官方帳號加值服務

目前 LINE 官方帳號服務是完全免費申請、免費使用，對於中小店家來說，是一個很大的利基點，申請 LINE 官方帳號之後，透過「一對一聊天」和「群發訊息」就可以開始做生意，每個月固定會有 200 則訊息的額度可以發送，每月 1 號則會重新計算。

萬一隨著好友人數越來越多，200 則訊息可能就會不夠，那怎麼辦呢？ LINE 官方帳號有推出「加值服務」，其中「推廣方案」，讓店家自行決定每個月要發送的訊息次數來計價。

 以下討論「推廣方案」和「專屬 ID」，不管店家是「認證帳號」還是「一般帳號」均可使用。但是，並不會因為你購買了「推廣方案」或「專屬 ID」，「一般帳號」就變成「認證帳號」喔！

1.8.1 免費方案規格說明

在討論「推廣方案」前，我們先來看看目前 LINE 官方帳號提供的「免費方案」主要的內容：不管是店家或個人都可以免費使用 LINE 官方帳號，並且每個月會有 200 訊息可以發送！

▶ 群發訊息則數計算方式：

發送當下的（目標好友數）x（發送次數）＝（總訊息發送數）

發送一次訊息最多可用三個對話框，「目標好友數」意指依性別、年齡及地區等屬性篩選好友後所得出可觸及的分眾訊息接收對象的母數，其包含經常使用 LINE 及 LINE 相關服務、且系統可高度精確地推測其屬性的好友。

▶ 舉個例子：某店家目前目標好友人數，有 100 人，發送左圖的訊息，總使用訊息則數計算方式為：

100 （目標好友人數）x 1（次）
= 100 （總使用訊息則數）

注意：LINE 官方帳號 2.0 之後，不管訊息使用幾個對話框 (1~3 個)，發送時均算是 1 次。

訊息則數計算方式
發送當下目標好友人數x訊息發送次數

100x1=100

| 目標好友人數 | 訊息發送次數 | 使用訊息總數 |

除群發訊息外，其他功能皆免費使用
包含貼文串‧一對一聊天‧自動回應‧
圖文訊息‧圖文選單等

！ 群發訊息只會發送給目標好友，封鎖的就不算在其中！

假設你目前目標好友人數是 150，那麼這個月你可以選擇群發給所有好友一次，然後剩餘 50 則，剩下的則數還可以選擇「指定群發訊息則數」功能發送給隨機的 50 人，把則數使用完，若當月則數沒有用完，並不會累積到下個月，必須等到下個月 1 號，訊息則數會重新計算，又恢復 200 則。

> 200 則訊息限制，只針對「群發訊息」，如果是「一對一聊天」是不計算的！所以店家可以放心的跟客人一對一聊天喔！

聽完介紹，很多店家會擔心：「哇！這樣訊息好像很快就會用完！」、「我的好友人數如果超過 200，不就都不能發送，一定要額外付費購買『加值服務』嗎？」

我相信店家有這樣的疑慮和擔心是正常的，不過，就像先前提到：LINE 官方帳號之所以迷人，就是因為超高觸及率以及優惠券開封率高達 30%，舉幾個例子：海鮮王[2]，在好友人數 600 多人時，就創造 4 小時，完售 300 份披薩，總銷售額 15 萬元；Queen House 法式手工甜點[3] 在好友人數 300 多人時，就創造 3 天銷售 120 條生乳蛋糕捲，總銷售額 6 萬元的紀錄！這些案例其實都只是冰山一角，有更多店家都已經在 LINE 官方帳號使用上，獲得成功經驗，證實 LINE 官方帳號真的是「低成本又有效」的行動行銷工具！

之所以分享這幾個案例，就是希望大家不用擔心，你會發現上述的案例中，其實好友人數都只有幾百人，這意味著什麼呢？就是店家光是使用「免費方案」就已經有可能為店家帶來生意、提升業績喔！

所以，可以先試著用用看，評估看看使用的效果如何？如果真的沒有很明顯的效果，也沒有損失，因為本來就是免費申請、免費使用！但是我相信，如果店家都可以依照本書裡說明的內容，按部就班、每個環節都注意到，其實效果不難看見喔！

2　海鮮王 LINE ID：@seafoodking
3　QueenHouse 法式手工甜點 LINE ID：@queenhouse88

1.8.2 推廣方案使用與付費週期計算

「推廣方案」收費方式比較表（未稅價）			
	低用量	中用量	高用量
固定月費	免費	800 元	1200 元
訊息則數	200 則	3,000 則	6,000 則
加購則數價格	不可加購訊息	不可加購訊息	0.2 元 / 則 ~ 依級距計算 用越多每則費用越低

高用量方案訊息加購表（未稅價）			
總發送訊息數量	加購訊息單價	總發送訊息數量	加購訊息單價
6001~25,000	0.2	665,001~825,000	0.099
25,001~35,000	0.165 元	825,001~1,305,000	0.0946 元
35,001~45,000	0.154 元	1,305,001~2,585,000	0.0858 元
45,001~65,000	0.143 元	2,585,001~3,525,000	0.077 元
65,001~105,000	0.132 元	3,525,001~5,145,000	0.066 元
105,001~185,000	0.121 元	5,145,001~8,025,000	0.055 元
185,001~345,000	0.1045 元	8,025,001~10,265,000	0.0385 元
345,001~665,000	0.1034 元	10,265,001~20,505,000	0.0187 元
		20,505,001~	0.011

第一、付費週期

推廣方案週期是以當月作為計算，付費分為兩個部分，第一個部分是固定月費，不管你是當月幾號購買，都需要先選擇是要購買中用量或高用量。第二個部分則是當你發的則數超過你購買的中或高用量能發送則數的部分費用，舉例來說，如果店家 1/1 購買中用量推廣方案，可使用的則數為 3,000 則，但如果需要發超過 3,000 則，則多出的則數每一則為 0.2 元。固定月費部分的則數使用效期只可以到當月底，沒用完的部分無法沿用。

第二、扣款週期

購買推廣方案使用 LINE Pay 或綁定信用卡付款，並且會於每月 1 號自動扣款固定月費部分！如果店家下個月不想使用推廣方案，隨時可以取消，但是請記得，一定要在月底前取消喔！舉例：如果我在 1/5 購買推廣方案，決定下個月不使用，那請務必要在 1 月 31 日前取消，如果到了 2 月 1 日才取消，就會再被扣款一次喔！由於推廣方案有低、中、高用量固定月費方案還有另外加購訊息兩種收費，所以收費也分成兩段，每個月 1 號會扣款固定方案的費用，並且結算上個月的加購費用，然後每個月 10 號會扣款上個月的加購訊息的費用！

如果你覺得使用 LINE Pay 或綁定信用卡，以及付費、扣款週期，過於複雜，也可以透過「天長互動創意」(LINE 官方帳號官方代理商) 來處理，這部分為【免費】代收、代付服務，不收取任何手續費、年費等費用，可接受 ATM 轉帳／匯款，省去綁定信用卡之麻煩，一樣也會提供公司統編發票喔！

- 天長互動創意有限公司
- 電話：02-7742-0418
- 官網：https://TCSky.cc
- 免費代收代付服務：
  https://tcsky.cc/lineoa-add-value/

1.8.3 專屬 ID 規格說明

在你一開始申請 LINE 官方帳號時，系統會隨機產生一組 LINE 官方帳號 ID，供你使用，就像 LINE 一樣，會有一組 LINE ID，讓客人搜尋 ID 就可以加入你的 LINE 官方帳號成為好友！不過因為原始 ID 是隨機產生，因此通常有點像亂碼，不太容易記得，如果你想要擁有一組讓顧客好記的專屬 ID，則必須加購「專屬 ID」的加值服務。

例如：天長互動創意，帳號一開始申請時，系統就會隨機自動分配一組原始 ID：「@abm5406x」，你會發現到這樣的 ID 不太容易記得。因此，如果需要，可以購買「專屬 ID」自行命名，舉例來說：天長互動創意購買後的專屬 ID 為：「@tcsky」。

 專屬 ID 命名規則：請輸入 4 ～ 18 個字。僅能使用半形英數字及部分符號（「.」、「-」、「_」）。

當你購買專屬 ID 後，原先舊的原始 ID 一樣可以並行使用，客人不管是搜尋哪一個 ID，都一樣可以加入你的 LINE 官方帳號好友，因此原先已經使用「原始 ID」設計好的名片或是海報，不需要重新設計，一樣可以讓客人加入（QR Code 一樣不用變更喔！）。

專屬 ID 的費用：NT$720 元（未稅），一樣需要透過 LINE Pay 或綁定信用卡付款！

 如果你是透過天長互動創意申請「認證帳號」，未來購買加值服務，就可直接使用 ATM 轉帳付款，無需綁定信用卡或 LINE Pay！

1.8.4 專屬 ID 使用與付費週期計算

第一、付費週期

專屬 ID 付費週期是以年度作為計算，不管你是當月幾號購買，一律從當月 1 號計算一年為期限。舉例來說，如果店家 2024/4/5 購買專屬 ID，使用效期可以到 2025/03/31；如果是 2024/4/20 購買，使用效期一樣只可以到 2025/03/31，並非以購買日起計算一年週期！（非 2024/4/20 購買，計算至 2024/4/19）因此建議店家，如需購買專屬 ID，最好是在「月初」時購買。

第二、扣款週期

當你購買專屬 ID 後，會於下個付費週期自動扣款！，若因卡片失效或金額不足而無法扣款，專屬 ID 就會失效，請特別注意！

1.9 多人管理好輕鬆，隱私超安全

過往許多店家會使用 LINE 和客人做互動，但是無法一次傳訊息給所有人，使用群組則有五百人上限，更大的一個問題在於當希望店員協助管理回覆留言時，店長的手機就要給店員使用，才能協助回覆訊息，手機中有許多個人隱私資料，如果有店員、員工刻意窺探，就會有很大的風險。

除此之外可能還要給店員 LINE 的帳號、密碼，非常不方便，不具隱私性，而現在使用 LINE 官方帳號就可以解決這樣的困擾，LINE 官方帳號支援多人管理（最高上限 100 人），當你需要員工協助管理時，你只要透過管理權限，將員工設定成管理員，這樣他就可以直接在他自己的手機中，下載 LINE 官方帳號 App 或是使用他自己的 LINE 帳號、密碼，登入電腦管理後台，協助店長管理，無須再共用一部手機或是將個人 LINE 的帳號、密碼給予對方！

1.9.1 管理權限差異說明

在開始設定之前，我們先來了解 LINE 官方帳號共有哪幾種權限可以做設定與使用：

LINE 官方帳號 免費方案 V.S. 推廣方案				
項目	管理員	操作人員	操作人員 （沒有傳送權限）	操作人員 （無讀取數據資料的權限）
編輯（訊息/主頁）	O	O	O	O
傳送（訊息/主頁）	O	O	X	O
數據資料庫	O	O	O	X
基本資料	O	O	O	O
帳號設定	O	O	O	O
成員管理	O	X	X	X

預設情況，第一個申請帳號的人就會是「管理員」的權限，「管理員」可以再分派不同的「管理權限」給其他人。

1.9.2 管理權限分配設定教學

💻 動手試試看：打開電腦管理後台 → 設定 → 權限管理

> ⓘ 如果找不到「權限管理」選項，則代表你非「管理員」權限！

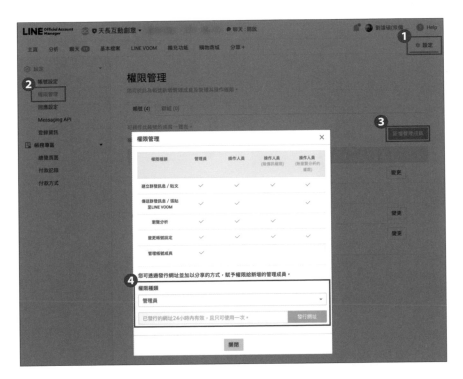

❶ 登入電腦版管理後台，進入欲管理之帳號後，點選右上方「設定」，選擇左邊的「權限管理」再點選「新增管理成員」。

❷ 選擇想要分配的管理員權限，點選「發行認證用網址」，再將此網址傳送給你想要新增的管理人員，對方點選認證用網址後，即會要求對方輸入 LINE 帳號、密碼，完成後，即可成為管理員。

> ⓘ 「認證用網址」，於發行後 24 小時內有效，且已使用過的網址無法再度使用。

除了透過電腦管理後台之外，亦可在手機 LINE 官方帳號 App 中操作！

 動手試試看：打開手機 **LINE 官方帳號 App** → **主頁** → **設定** → **權限** → **新增管理成員** → **選擇權限種類** → **發送權限**

> ⚠ 如果找不到「成員、帳號管理」選項，則代表你非「管理員」權限！

❶ 打開 LINE 官方帳號手機 App，點選「主頁」選單頁籤。

❷ 找到「設定」。

❸ 進入後請點選「權限」。

④ 點選「新增管理成員」。

⑤ 選擇權限類型。

在手機中，共有兩種方式可以新增管理員權限：

⑥ 以 LINE 傳送邀請訊息：如果對方已經是你 LINE 的好友，則可以直接透過此選項發送認證用連結給對方。

⑦ 發行網址：可以透過手機產生「認證網址」，複製後提供給對方，對方只要直接點選連結，確定後，即可成為管理員。

1.9.3 付款人員設定教學

前面有提到 LINE 官方帳號「加值服務」，需要綁定 LINE Pay 或信用卡付款。除此之外，在操作購買加值服務時，需確定本身為管理員權限，因為必須是管理員才能設定付款資訊及購買方案。

 動手試試看：**打開手機 LINE 官方帳號 → 設定 → 帳務專區 → 選擇購買項目 → 登入付款方式及發票資訊 → 購買方案**

進入「設定」後，找到「帳務專區」，進入後會看到「推廣方案」和「專屬 ID」，請點選需要購買的方案，第一次購買加值服務的帳號，須先登入付款方式及發票等資訊後，就可以跟著提示購買服務。

> - 如果希望設定不同人為付款人員，該人員需先成為管理員，才能選擇與設定喔！
> - 購買加值服務手機 App 中及網頁後台皆能設定！ iOS 手機系統購買費用較高，建議使用者可於網頁後台購買。
> - 透過天長互動創意 (LINE 官方帳號代理商)，申請認證帳號者，無需綁定 LINE Pay 或信用卡付款，直接使用 ATM 轉帳付款即可！
> - 無法綁定信用卡付費者，可將帳號轉入天長互動創意官方代理商系統，亦可免綁定信用卡。

邁向成功店家準備篇

2.1 別急！蹲得低才能跳得高，洞悉 LINE 官方帳號管理介面！

相信很多店家申請完 LINE 官方帳號，都會急著想要開始宣傳、招募好友。但是，請別著急，我們一開始準備開店前，一定會先裝潢店面、設計菜單等等，一切準備就緒後，才會開始宣傳。同樣地，當我們申請好 LINE 官方帳號後，有些預設的基本設定也要先設定好，才能正式「開幕」喔！

瞭解如何開始 LINE 官方帳號基本設定前，先跟大家分享一下 LINE 官方帳號提供的兩種操作介面與管理後台：電腦管理後台與手機 LINE 官方帳號 App。

2.1.1 LINE 官方帳號電腦管理後台 (電腦版)

很多人都會把 LINE 官方帳號的電腦管理後台跟 LINE 搞混，以為 LINE 官方帳號也有電腦版，要去下載軟體，事實上 LINE 官方帳號不需要下載任何軟體，直接連結到下列電腦管理後台，就可以進行 LINE 官方帳號的管理與設定喔！

 LINE 官方帳號 電腦管理後台：**https://manager.line.biz**

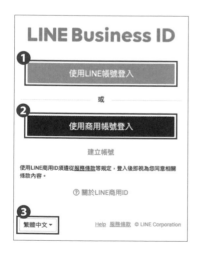

❶ 使用 LINE 帳號登入：若你有登入電腦版 LINE 則可直接同意登入，若無登入電腦版 LINE 則須自行填入您的 LINE 帳號、密碼來登入。

❷ 使用商用帳號登入：若不想用個人 LINE 帳號登入，可建立商用帳號來做登入，點選按鈕下方的建立帳號來建立商用帳號。

❸ 選擇語言版本：左下角可選擇想要使用的語言版本。

④ 登入後，會看到「帳號一覽」。正常情況下，如果你是第一次使用，應該就只有一個帳號，直接點選帳號名稱進入即可管理。

如果你有開設或是管理多個帳號，會看到所有帳號列表，請直接點選想要管理的「帳號」即可。

> ⚠ 一個 LINE 帳號，最多只能開設 10 個 LINE 官方一般帳號，但若是別人開設，由你管理則不在此限！

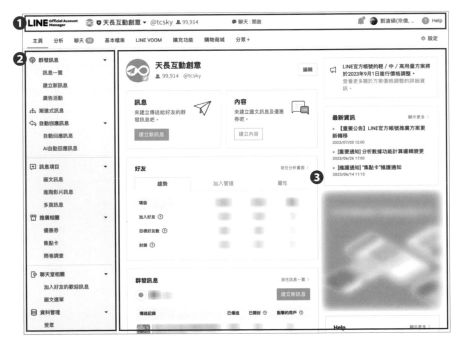

❶ 帳號基本資訊區：記錄一些帳號基本資訊，包含大頭貼、帳號名稱、帳號 ID、好友人數、回應模式等資訊。

❷ 主要功能區：群發訊息、漸進式訊息、自動回應訊息、圖文訊息、進階影片訊息、多頁訊息、優惠券、集點卡、問卷調查、加入好友的歡迎訊息、圖文選單、資料管理（受眾、追蹤）、增加好友工具等主要功能選項。

❸ 編輯區：對應主要功能區之內容編輯。

2.1.2 LINE 官方帳號手機 App (手機版)

如果要使用手機 LINE 官方帳號 App 來做管理的話，當然就要先下載 LINE 官方帳號 App 部份，請參閱 1.7.1 節的說明，下載後打開手機 App，就會看到下列管理介面：

 店家因為要管理 LINE 官方帳號，才需要下載 App，一般消費者、客人，只需要使用 LINE 就能加入喔！

手機 LINE 官方帳號 App 管理介面

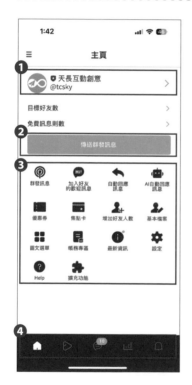

❶ 帳號基本資訊：記錄一些帳號基本資訊，包含大頭貼、帳號名稱、LINE 官方帳號 ID。

❷ 群發訊息功能：可以直接透過手機發送群發訊息，方便即時。

❸ 管理介面 → 功能設定區：包含加入好友的歡迎訊息、自動回應訊息、AI 自動回應訊息、優惠券、集點卡等功能選項。

❹ 標籤選單：有「主頁」、「LINE VOOM」、「聊天」、「分析」、「提醒」等功能。

切換管理帳號

若在手機 App 上想要切換不同帳號管理,請點選左上角「三」,三條橫線的按鈕,就可以切換不同帳號。

建立帳號

若想要新增 LINE 官方一般帳號,請將畫面捲動到最下面,就可以看到「+建立帳號」,這時候就可以新增一個 LINE 官方一般帳號。

詳細步驟流程請參考 1.7.2 節「申請一般帳號流程」。

> 透過「LINE 官方帳號」App 所申請的 LINE 官方帳號為一般帳號,雖可以使用,但曝光度有限。如你的業種符合申請「認證帳號」資格,並且想獲得更多曝光機會,可參考 1.6.3 節「快速通關秘技三:認證代辦 x 快速通關」。

2.1.3 LINE 官方帳號電腦版 / 手機版 功能差異比較表

LINE 官方帳號 電腦管理後台 VS. 手機 App 功能差異		
功能	電腦管理後台	手機 App
1 對 1 聊天	O（限 Chrome 瀏覽器）	O
開啟 / 關閉 1 對 1 聊天功能	O	O
自動回應訊息設定	O	O
歡迎訊息設定	O	O
群發訊息	O	O
LINE VOOM	O	O
優惠券	O	O
集點卡	O	O
圖文選單設定	O	O
圖文訊息設定	O	X
建立進階影片訊息	O	X
問卷調查	O	X
製作海報	O	O
購買加值服務	O	O
新增操作人員	O	O
數據分析	O	O

「1 對 1 聊天」功能，如果希望在電腦管理後台使用，請務必先確定「已開啟 1 對 1 聊天模式」：

▶ 「管理後台」→「設定」→「回應設定」→ 回應模式 → 選擇「聊天」(開啟)

▶ 「手機 App」→「設定」→「自動回應」→ 回應模式 → 選擇「聊天」(開啟)

「製作海報」功能，若有要更多海報樣式，則必須為「認證帳號」才可使用（認證帳號申請可參見 1.6 節「跟著這樣做，「認證帳號」快速申請通過！」）。

🔵 先準備就緒，再開始招募好友與舉辦活動！

2.2　LINE 官方帳號要脫穎而出，就看基本設定／狀態消息吸睛度

瞭解 LINE 官方帳號管理與操作之後，你便可以開始量身訂做基本的店家內容！

🖥 動手試試看：打開電腦管理後台 → 設定 → 帳號設定

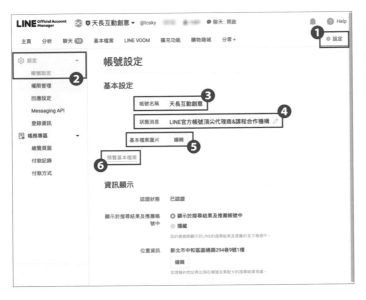

❶ 打開電腦管理後台，找到右上角「設定」。

❷ 點選「帳號設定」。

❸ 帳號名稱：填寫 LINE 官方帳號名稱，通常為店家名稱。

>
> * 「認證帳號」：一經通過認證申請，則無法再修改帳號名稱。
> * 「一般帳號」：變更後七天才可再次更改。
>   * 帳號類型說明可參考 1.4 節。

❹ 狀態消息：帳號說明與描述文字。

> ⏻　狀態消息：變更後一小時內無法再次變更。

❺ 基本檔案圖片：店家的 LOGO 照片或大頭貼。

❻ 預覽基本檔案：可觀看基本檔案呈現的方式，詳細設定可參考章節 2.4。

⚠️
- 基本檔案照片 (大頭貼)：變更後一小時內無法再次變更基本檔案圖片。
- 檔案格式：JPG、JPEG、PNG
- 檔案容量：3MB 以下
- 建議圖片尺寸：640px X 640px

📱 動手試試看：**打開手機 App → 設定 → 帳號**

❶ 打開手機 APP，點選小房子「主頁」頁籤。

❷ 點選「設定」。

❸ 找到「帳號」並點選。

④ 基本檔案照片：點選「照相機」圖示，可以上傳大頭貼照片。

⑤ 帳號名稱：填寫 LINE 官方帳號名稱，通常為店家名稱。此帳號為「認證帳號」，因此沒有「鉛筆」圖示，無法再修改名稱。

> ⚠ • 「認證帳號」：一經通過認證申請，則無法再修改帳號名稱。
> • 「一般帳號」：變更後七天才可再次更改。

⑥ 狀態消息：帳號說明與描述文字。點選「鉛筆」圖示，可以修改狀態消息。

LINE 官方帳號設定中，除了可以修改「基本檔案圖片」（大頭貼）、封面照片、LINE 官方帳號名稱之外，還有一個「狀態消息」選項，對於「認證帳號」的店家，影響非常大，如果你想要增加曝光度，就需要好好地善用「狀態消息」的設定喔！

什麼是狀態消息呢？

- 首先，打開 LINE，在好友列表中，會呈現如同左圖一般。
- 前面有盾牌的就是 LINE 官方帳號，你可發現盾牌後面除了「帳號顯示名稱」外，還有一排比較小的文字，這排文字就是所謂的「狀態消息」！
- 「狀態消息」中的文字，可以幫助店家被搜尋到，增加曝光度喔！

  * 可參考 1.5 節「LINE 官方認證帳號讓你擁有更多曝光資源」。

由芊香園藝 [1] 的例子中，可以看到店家在狀態消息中設定「園藝資材 賀禮盆栽 花卉果樹 品種豐富」，當有人搜尋「園藝資材」、「賀禮盆栽」、「花卉果樹」時，就有機會找到芊香園藝，因此不難看出「狀態消息」的重要性，如何充分的運用這二十個字的空間，來增加關鍵字被搜尋到的機會，將會是店家脫穎而出的重要關鍵！

此外，提醒店家，不要因為想要增加搜尋曝光度，就設定一大堆奇奇怪怪的關鍵字。因為「狀態消息」的內容也會影響到客人加入的意願，最重要的，還是以「吸睛」為主，讓客人看到就有想要加入的意願，才是店家需要多多花費心思的地方。

善用「吸睛」狀態消息，能夠創造搜尋曝光，提升好友好感度！

1　芊香園藝 LINE ID：@qou7698u

2.3 關鍵第一次親密接觸，決定你的印象分數！

2.3.1 好的開始！歡迎訊息設定，建立品牌形象！

LINE 官方帳號和 LINE 不一樣的地方，在於當客人一加入店家的 LINE 方帳號時，就會跳出「好友歡迎訊息」，這是店家跟客人「第一次的親密接觸」，非常地重要，如果設定得好，不僅能夠快速拉近與客人之間的關係，更能夠降低封鎖機率。

在正常情況下，如果店家沒有做修改的話，我們看到的預設訊息就會像下面一樣：

LINE 官方帳號預設歡迎訊息

- 歡迎您成為本帳號的好友
- 若不想接收提醒，可以點選本畫面上方的「∨」圖示中的「關閉提醒」鍵喔

預設的歡迎訊息內容，立意是蠻友好的，因為很多人都有一種經驗，為了要下載 LINE 新貼圖，於是就會加入一些品牌的官方帳號，來下載貼圖，一加入後，馬上就會收到一連串的歡迎訊息，有些甚至每天都會傳送訊息，導致許多人一加入時，就會想要直接封鎖帳號。

不過，LINE 官方帳號一開始的問候語就會提醒加入好友的朋友，可以使用「關閉提醒」的功能，不用擔心未來會被訊息通知騷擾。這樣做雖然立意良好，但是，預設的歡迎訊息總是讓人覺得怪怪的，好像在提醒用戶，加入這個 LINE 官方帳號，會收到「很多訊息」，所以要趕緊「關閉提醒」，甚至更可能「嚇到」使用者，想說會有很多訊息，那麼乾脆退出或封鎖，這麼一來就可惜了。

因此，我通常會建議店家，當你申請 LINE 官方帳號後，第一步就要先設定好「加入好友的歡迎訊息」，好的問候語，絕對會有大大的幫助喔！店家可以直接在電腦後台或是手機 App 上設定，讓我們來看看如何做設定：

> ⓘ 通常我會建議店家直接在電腦管理後台設定，設定上會比較簡易，功能性較強喔！

 動手試試看：**打開電腦管理後台 → 主頁 → 聊天室相關 → 加入好友的歡迎訊息**

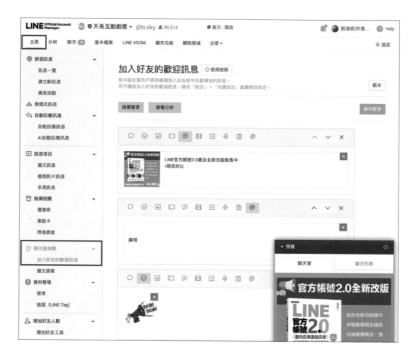

歡迎訊息最多一次可以設定「五則」，以上圖為例，我在歡迎訊息中就設定了「三則」，圖片訊息、多頁訊息和貼圖，總共三則。

在設定畫面中，有好幾種「訊息格式」可以選擇，你可以根據自身的需求調整：

文字	貼圖	照片	優惠券	圖文訊息	進階影片訊息	影片	語音訊息	問卷調查	多頁訊息
💬	☺	▣	🗂	⊕	🎞	▶	🎤	📋	✏

在訊息設定畫面中，我們可以看到類似對話框的部分，說明如下：

❶「上下箭頭」按鈕：點選，可以改變訊息順序。

❷「表情貼」按鈕：可以叫出表情符號的視窗，直接點選想要的符號。

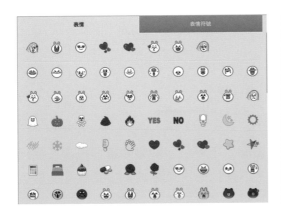 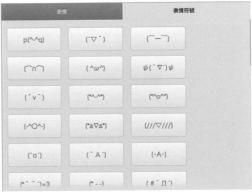

❸ 好友的顯示名稱：想讓每個人收到的歡迎訊息，都能用他們個人的暱稱去問候嗎？「好友的顯示名稱」可插入文字訊息的任何位置，讓問候語更親切及個人化！

❹ 帳號名稱：當你置入帳號顯示名稱後，將會顯示你的官方帳號的名稱。

❺ 字數限制：在電腦管理後台，許多地方都可以看到類似的數字，代表著設定的字數限制，舉例 68/500，左邊數字代表已經使用的字數，右邊則代表字數上限。

設定好歡迎訊息後，最重要的是別忘記點選「儲存變更」喔！除了透過電腦後台做設定外，也可以直接透過手機 LINE 官方帳號 App 設定「設為好友時的歡迎訊息」。

動手試試看：打開手機 App → 主頁 → 加入好友的歡迎訊息

在手機 App 中，可以看到使用介面跟後台畫面差不多，了解電腦管理後台和手機 App 操作後，你可以依據自己的喜好，選擇不同的「訊息格式」設定專屬的歡迎訊息。

> ⚠ 目前 LINE 官方帳號只能使用預設的貼圖樣式，無法新增或購買貼圖，原先在 LINE 購買的貼圖，無法直接在 LINE 官方帳號中使用！

LINE 官方帳號「訊息格式」說明			
訊息格式	說明與應用	電腦管理後台	手機 App
文字	一則文字訊息，最多設定500字！但是通常不建議設定這麼多字數的歡迎訊息，一般人都不喜歡一加入就看到許多文字，這樣比較容易讓人感覺厭煩，想要退出或封鎖。	O	O
貼圖	選用可愛的貼圖來代表情緒、心情，適當的貼圖，可以拉近與客戶的關係。	O	O
照片	可以直接上傳電腦中或手機的照片。	O	O
優惠券	可建立優惠券，隨著歡迎訊息發送！最常見的行銷活動，就是加入好友時，就可以獲得優惠折扣或抽獎。	O	O
圖文訊息	可利用圖片傳送滿版具有視覺效果、連結功能的圖文簡訊。	O	O
進階影片訊息	可利用影片傳送滿版具有視覺效果、行動按鈕連結功能的影片訊息。	O	O
影片	可以直接上傳電腦或手機中的影片。	O	O
語音訊息	可以直接上傳電腦或手機中的聲音檔。	O	O
問卷調查	可建立問卷在群發訊息發送！配合行銷活動，或以此了解消費者屬性或愛好等。	O	O
多頁訊息	可以設定不同的商品圖片、價格及網址連結，提供多樣化的商品給用戶點選。	O	O

 「圖文訊息」、「進階影片訊息」、「問卷調查」、「多頁訊息」需要先在電腦後台中先建立好訊息格式後，才能夠在手機 APP 中選擇使用！

2

邁向成功店家準備篇

2.3.2 歡迎訊息設定五大秘技，幫助你擄獲客人的心！

如果你想要邁向「成功店家」，那麼只是了解「歡迎訊息」的設定是不夠的。我常常跟店家分享說：「LINE 官方帳號操作並不是最困難的事情，功能操作我相信稍微看一下操作手冊或是簡單的自己摸索一下，不是太困難，困難的是在於如何跟客人『建立真正的互動』！」

💗 與客人建立真正的互動，才是真正需要花費時間、心力的地方！

歡迎訊息是我們跟客人之間，建立的第一道親密關係，當客人一加入時，如何讓他覺得加入這個 LINE 官方帳號非常不錯，想要留下來繼續跟店家互動，就是一門學問囉！

這邊我會建議店家可以依循下列五大秘技，來審視你的歡迎訊息是不是符合要求。

第一、好處

歡迎訊息一次最多可以設定五則，你可以任選喜歡的格式，但無論選用何種格式，一次最多能傳送五則訊息，不過通常我都會建議店家，最多設定到三則訊息就好，因為一次發送太多訊息，反而等於沒有發，只會讓人不想閱讀，甚至很快地就決定要退出、封鎖。

既然建議訊息只發送三則，因此一開始發送的歡迎訊息，只要將「重點」講出來即可，但是重點應該是要放哪些內容呢？有些店家都會希望放上「店家介紹」或是「產品介紹」，其實一般消費者會加入店家 LINE 官方帳號，通常是透過店家舉辦活動招募的新客，或是原先就是店家的舊客，以新客來說，通常因為新活動而加入，對於新產品多少有點了解；而舊客則是已經對於店家有一定的熟悉度，因此我會建議店家一開始的歡迎訊息不用針對「店家介紹」或是「產品介紹」作說明，而是先針對客人加入店家的「LINE 官方帳號」後，可以得到什麼「好處」，先做說明，加強品牌印象！

所謂的「好處」，可以是優惠、折扣之類，但是不限定於此類好處，我常建議店家可以以「服務」的角度切入，思考當客人加入我們的 LINE 官方帳號之後，可以提供怎樣的服務與好處！

舉例來說：PNB 紋藝 [2]，在歡迎訊息的部分就說明到：「專業紋繡技術、產品、國際比賽、證照等各方面的問題，都歡迎直接留言與我交流討論！」

案例分享：PNB 紋藝歡迎訊息

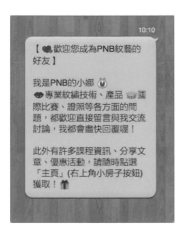

- 【（2 hearts）歡迎你成為 PNB 紋藝的好友】
- 我是 PNB 的小娜（sparkling eyes）
  （lips）專業紋繡技術、產品（crown）國際比賽、證照等各方面的問題，都歡迎直接留言與我交流討論，我都會盡快回覆喔！
- 此外有許多課程資訊、分享文章、優惠活動，請隨時點選「主頁」（右上角小房子按鈕）獲取！（gift）

透過 LINE 官方帳號的 1 對 1 聊天功能，可以提供客人「諮詢服務」，只要有任何問題，第一時間就可直接跟店家做互動！「諮詢服務」便是一種好處，以往可能要透過電話詢問或是電子郵件，現在都可以透過 LINE 官方帳號做到更即時的互動。

2　PNB 紋藝 LINE ID：@pnb-beauty

除了是「諮詢服務」以外，其他像是提供「有用資訊」也是一種好處。例如：《康健》雜誌固定會在 LINE 官方帳號當中分享一些健康資訊，這些都是可以在一開始歡迎訊息時，就告知客人，讓他們清楚知道加入後，未來會有怎樣的「服務」與「好處」。建議店家在一開始就明確、具體地告知「好處」，能夠有效地拉近客戶關係、提升好感度。

以下提供四種常見於歡迎訊息中，可以設定並告知消費者享有的「好處」，店家可以依據自身行業類別，斟酌運用！

LINE 官方帳號「歡迎訊息」四大好處應用	
好處分類	說明與應用
諮詢服務	透過 1 對 1 聊天，提供即時、快速的諮詢服務，拉近客戶關係！
資訊服務	提供對於消費者「有用」的資訊，提升黏度！
查詢服務	提供常態性資訊查詢，例如天氣、股市等等，強化消費者依賴性！
預約服務	透過 LINE 官方帳號可以直接預約、訂位等便捷服務！

第二、口吻

口吻是我最強調的一環！ LINE 一開始設定的目的就是希望能夠簡單的讓好友之間可以對話、溝通，換成 LINE 官方帳號其實也是同樣的道理，建立店家與客戶之間的對話，就像好友一般的對話。

與客人建立真正的互動，才是真正需要花費時間、心力的地方！

既然是「歡迎訊息」口吻要「親切」、「熱情」這是再自然不過的！但是我更想要談的是：運用「第一人稱」口吻。先來看看下面的例子：

<table>
<tr>
<td>「歡迎你加入天長互動創意！若有任何有關網路行銷、創意行銷、簡報技巧方面的問題，都歡迎直接留言與我們交流討論，我們都會盡快回覆喔！」</td>
<td>「歡迎你加入天長互動創意！我是劉滄碩老師，可以直接稱呼我 ANDY ！若有任何有關網路行銷、創意行銷、簡報技巧方面的問題，都歡迎直接留言與我交流討論，我都會盡快回覆喔！」</td>
</tr>
</table>

請問你會覺得哪一邊的歡迎訊息比較好呢？

兩者之間最重要的差別，僅僅只在於一個字：「我」與「我們」。許多店家在設定歡迎詞時，都會寫到：「歡迎加入 OO 店，歡迎跟我們交流討論！」這樣的感覺比較制式、官方，沒有溫度。如果我們改為「第一人稱」的用法，就會讓客戶感覺在跟「一個人」互動，而不是跟「一家公司」、「一個店家」在互動。用第一人稱的「口吻」，可以讓客人感覺到「有一個人」、「找得到人」，就會變得比較親切、有溫度。

通常我會建議店家在設定歡迎詞時，可以用：「我是 OOO，歡迎跟我交流！」OOO 可以是任何一個人名，不管是 Andy、Amy、小花、小白等等都好，重點是要有一個「人名」，這樣當客人加入 LINE 官方帳號時，看到歡迎訊息，就像是在跟一個人對話。店家或許會想說：「那如果是多人管理時，究竟要用誰的名字比較好呢？」或者負責經營的人會想說：「我是幫老闆經營，但是我不太想用我自己的名字，這樣可以嗎？」

舉個例子：FINISHER [3]，雖然老闆平常偶爾會看訊息，LINE 官方帳號主要還是由員工負責經營，但是好玩的是在各個運動競賽時，老闆也會現身於現場中，因此，就會建議以「老闆」的角色來設計歡迎詞，以「老闆」的身份跟客人做互動。

3　FINISHER LINE ID：@finisher

邁向成功店家準備篇

2

設定歡迎詞上，沒有一定的標準，如果是店家老闆負責經營，則可以說：「我是 OO 店的店長 ANDY，歡迎跟我多多交流！」；如果是員工負責經營，這時候也可以換個說法：「你好，我是 OO 店的小小客服 ANDY，歡迎多多跟我交流！」之類。

案例分享：FINISHER 歡迎訊息

- Hello!
  各位愛好自行車車友、馬拉松、超級馬拉松跑友、鐵人三項選手大家好
- 我是 Jungle，可以叫我強哥！
- 在下就是現身在全國各大型運動會 ... 的老哥、歐吉桑

無論以怎樣的「角色」跟客人互動，最重要還是在於「口吻」要轉換成第一人稱，最好有一個「人名」，讓歡迎詞就像真的「有一個人」在跟 LINE 官方帳號好友互動、對話的感覺！

第三、表情

表情指的是運用「表情符號」，歡迎訊息善用表情符號，有兩個好處！第一、透過小小的可愛表情符號，有些原本透過文字描述不容易表達的情緒、表情，簡單的就能夠表達出來，讓歡迎訊息更具有「親切」、「熱情」的溫度對話；第二、透過表情符號，可以讓原先都是文字的歡迎詞，顯得較為生動、活潑，不至於完全都是文字，讓人不想繼續閱讀。

有些店家可能會覺得用「貼圖」的方式可以嗎？一定要用「表情符號」嗎？表情符號會不會太可愛，不太適合店家的形象、風格呢？我比較不建議用「貼圖」有一個比較重要的原因：「一個貼圖，就算是一則訊息！」。歡迎訊息最多可以設定五則訊息，而前面有提到建議大家設定三則左右，如果我們用一個貼圖，無形中就已經用掉一個訊息的額度，會稍微有些可惜跟浪費。因此，比較建議用「表情符號」，

「表情符號」可以融入「文字」訊息格式當中，穿插使用，不僅不會浪費訊息則數，還可以讓純文字訊息多一些趣味。

至於運用「表情符號」會不會太過於可愛的問題，我倒覺得不太需要擔心這個問題，因為一般使用 LINE 的族群，還蠻習慣接受使用「表情符號」，除非你的客群年齡層都較高，不然不用太擔心「可愛」的問題！而且即便客群年齡較高，也不用到完全不用表情符號的程度，還是可以少量運用。例如，每個段落一開始或是結束時，用個表情符號，無傷大雅！當然啦，過猶不及，也不適合在訊息當中，加入過多的表情符號，這樣反而會讓歡迎詞顯得雜亂、不清楚喔！

第四、優惠券

由於歡迎訊息是好友加入帳號之後會立即出現的訊息，而且只會出現一次，所以我們可以善用這個狀況，將優惠券或抽獎券加在歡迎訊息中，這樣就能舉辦好友招募活動讓新加入的好友收到活動優惠或抽獎資格，促使更多消費者願意為了活動而加入官方帳號成為好友！

第五、圖片

大部分人喜歡看圖片勝過看文字，所以歡迎訊息可以適度地加入圖片吸引消費者的閱讀和注意力，善用官方帳號的「圖文訊息」功能製作滿版的圖片，不但能產生吸睛和閱讀的效果，更能做到網址連結的功能，不管做活動或產品宣傳，還是在圖上設連結按鈕都很方便！

2.4 LINE 官方帳號基本檔案設定，
建立鮮明的服務與資訊

當我們設定好歡迎訊息，接下來還有一個很重要的環節，攸關於我們店家的「門
面」！如同實體店家，在開業之前，一定會經歷「裝潢」的過程，同樣地當我們開
設好 LINE 官方帳號後，別忘記設定「基本檔案」！

 建議一開始就先設定好「基本檔案」頁面與內容，未來客人才容易找到店家的連絡
資料與方式喔！

在此我們先做一個比較，預設沒有設定「基本檔案」的畫面如下：

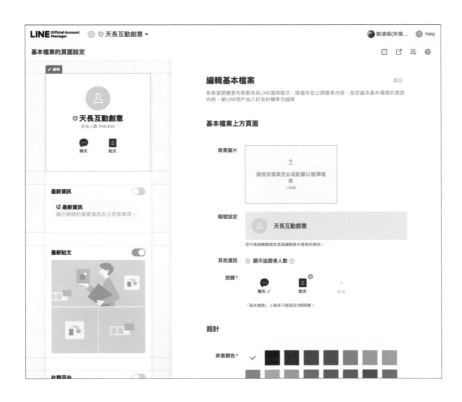

當我們上傳大頭貼、封面照片，以及設定相關資訊與服務後，是不是就更能夠凸顯出品牌特色與服務，也能夠讓消費者加深印象！

接著我們來看怎樣設定 LINE 官方帳號的基本檔案頁面設定，創造獨一無二的帳號門面！

2.4.1　基本檔案設定：電腦管理後台操作

動手試試看：打開電腦管理後台 → 基本檔案

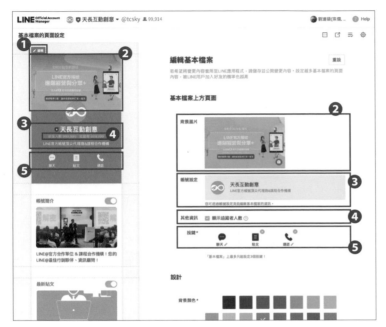

❶ 編輯：當滑鼠移動到左側任一區塊時，左上角會出現「編輯」，點一下即可編輯。

❷ 背景圖片：直接點選「上傳」，即可在電腦檔案中挑選一張你覺得適當的照片當作封面，這邊店家也可以簡單地想成是網站首頁的封面照片的意思，盡可能挑選一張代表店家形象或是新產品的照片。當然，你也可以依據不同的節慶、活動、新產品，隨時更換封面的照片。

❸ 帳號設定：可以透過 電腦後台 → 設定 → 帳號設定，設定相關帳號名稱、狀態以及基本檔案照片。(請參章節 2.2)

❹ 其他資訊：顯示追蹤者人數。

❺ 按鍵設定：可以根據店家希望顯示的資訊，設定顯示按鈕，包含 LINE 電話、優惠券、集點卡等功能按鍵。

 「基本檔案」上最多只能設定 3 個按鍵！

6 新增擴充：若是覺得 3 個按鍵，不夠呈現店家所有相關資訊，可以在「基本檔案」設定頁面的左側下方，找到「新增擴充」，點選後可以增加商家官方帳號首頁顯示「文字（顯示照片及文字說明）、商家正在舉辦的優惠券、集點卡活動、精選動態（以一覽的形式顯示商家商品等資訊）」，有外送服務業者還可擴充「外送餐飲、外帶、外送商品」等資訊，新增完的資訊，別忘了做勾選的動作才會顯示，也可選擇刪除。

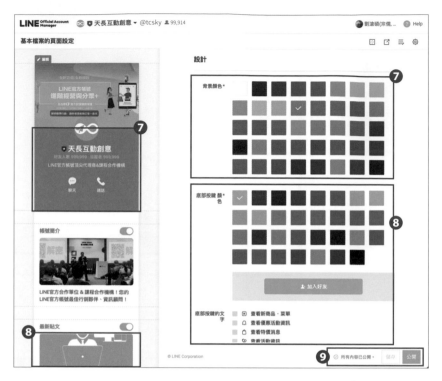

❼ 背景顏色：設定基本檔案的背景主色。

❽ 加入好友按鍵：設定底部按鍵的顏色以及文字。

❾ 設定可以選擇「儲存（儲存於草稿還未公開）、公開（對外公開顯示）」，設定完成後會顯示於商家官方帳號的首頁。

2.4.2 基本檔案設定：手機 App 操作

動手試試看：打開手機 App → 主頁 → 基本檔案

❶ 打開手機 App 後，請先點選「主頁」標籤選單。

❷ 點選「基本檔案」。

❸ 背景圖片：直接點選「上傳」，即可在手機中挑選一張你覺得適當的照片或直接拍照，當作封面，這邊店家也可以簡單地想成是網站首頁的封面照片的意思，盡可能挑選一張代表店家形象或是新產品的照片。當然，你也可以依據不同的節慶、活動、新產品，隨時更換封面的照片。

❹ 帳號設定：可以透過 手機 APP → 主頁 → 設定 → 帳號，設定相關帳號名稱、狀態以及基本檔案照片。(請參章節 2.2)

❺ 其他資訊：顯示追蹤者人數。

❻ 按鍵設定：可以根據店家希望顯示的資訊，設定顯示按鈕，包含 LINE 電話、優惠券、集點卡等功能按鍵。

❼ 背景顏色：設定基本檔案的背景主色。

❽ 加入好友按鍵：設定底部按鍵的顏色。

❾ 加入好友按鍵：設定底部按鍵的文字。

⓾ 新增擴充：點選「＋ 新增擴充」可以將額外功能顯示在 LINE 官方帳號首頁，包含「文字、精選（商品圖片）、集點卡、優惠券、基本資訊（地址、電話號碼）、最新分享（貼文串動態消息）、外送餐飲（顯示服務時間、地區、商品條件等資訊）、外帶（提供外帶服務時間、訂購方式）、外送商品（提供外送服務時間、配送時段、地區、商品條件等資訊），以上需要事先設定好，才可選擇顯示在主頁面上。

⓫ 預覽：觀看【總預覽畫面】，可選擇「預覽已儲存的內容／預覽已公開的內容」。

⓬ 設定完成後「儲存變更」。

最後要提醒大家的，雖然基本檔案這些機制看似方便，但有一點非常重要，必須提醒店家！消費者在使用 LINE，閱覽 LINE 官方帳號基本檔案資訊時，通常都是透過手機的機率較大，若店家本身購物網站沒有行動版或是符合響應式網頁設計（Responsive Web Design, RWD），當消費者連結到外部網頁時，可能會遇到不良的網頁閱讀環境，這樣很可能導致消費者直接關掉網頁，不再繼續閱讀下去，更遑論消費、購物了。因此，雖然 LINE 官方帳號設定上十分方便，但是店家的購物流程、網站相關配套措施也要跟上腳步，才不容易流失行動商務的機會喔！

💬 行動商務時代，店家需要更全面、通盤考量，升級行動思維！

3

好友招募成功術

3.1 作法超簡單，這樣就讓客人加入我的 LINE 官方帳號好友！

在開始招募好友之前，我們一定要先了解客人究竟要如何加入店家 LINE 官方帳號，成為店家好友，別擔心會很複雜，作法超簡單！

首先，請回想一下，平常使用 LINE 時，都是怎樣跟朋友互相加為好友呢？最常見的方式不外乎 ：掃描行動條碼 (QR Code)、搜尋 ID、透過電話號碼⋯這幾種方式來加入好友。

事實上，你的客人要加入 LINE 官方帳號，成為好友，一樣只要透過以上幾種方式就可以，跟我們原先使用 LINE 加入好友的習慣差不多，而且更重要的是：你的客人只要有 LINE 就可以，不用另外下載 LINE 官方帳號 App。

很多店家會誤以為開始使用 LINE 官方帳號，也要請客人下載 LINE 官方帳號才能加入好友，覺得這樣太過麻煩，而不願意使用 LINE 官方帳號，其實完全不用喔！

> 💬 不需要向客人說明什麼是 LINE 官方帳號，客人只要有用 LINE 就可以！

3.1.1 客人加入 LINE 官方帳號好友的方式

當店家申請 LINE 官方帳號生活圈帳號完成後，會獲得一組 LINE 官方帳號 ID 和 QR Code，店家只要像平常我們在使用 LINE 一樣，告訴客人 LINE 官方帳號 ID 或是 QR Code，客人透過 LINE 就可以加入。

客人以 LINE 加入好友

❶ 點選左下角「主頁」按鈕。

❷ 點選「加入好友」圖示即可看到下圖。

❸ 「行動條碼」：可掃描店家 QR Code 加入好友。

❹ 「搜尋」：直接搜尋店家 LINE 官方帳號 ID 即可加入好友。

前面提到客人只要透過搜尋 LINE 官方帳號 ID 或是掃描 QR Code 的方式，就可以加入店家的 LINE 官方帳號好友，那麼，店家的 QR Code 和 LINE 官方帳號 ID 要從哪邊得知呢？同樣地在電腦管理後台和手機 App 中都可以找到！

3.1.2 取得店家自己的 LINE 官方帳號 ID

店家要找到自己的 LINE 官方帳號 ID 並不困難，其實當我們進入電腦管理後台和手機 App 介面時，就會看到 LINE 官方帳號 ID，以電腦管理後台為例，登入後，在左上角大頭貼和帳號名稱，旁邊會有一小排英文和數字組合的字串，這個就是店家的 LINE 官方帳號 ID（如左圖）！

手機 App 登入後在管理介面中，一樣在帳號名稱下方，會有一小排英文和數字組合的字串，這個就是店家的 LINE 官方帳號 ID（如右圖）！

電腦管理後台登入畫面

手機 App 登入畫面

此外，你還可以透過下列的操作方式取得店家的 LINE 官方帳號 ID。

 動手試試看：**打開電腦管理後台 → 設定 → 帳號設定**

 動手試試看：**打開手機 App → 主頁 → 設定 → 帳號**

手機 App 及電腦後台中可以查詢到原始 ID（申請時，系統自動分配的 ID）和購買加值服務的專屬 ID。

> ⚠ 無論原始 ID 或專屬 ID，兩者同時都可使用，同樣會對應到相同帳號！

手機 App → 主頁 → 帳號 → ID

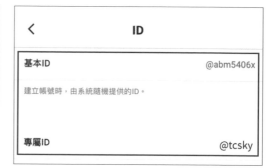

點選「ID」進入

在此提醒各位店家！很多店家會以為 LINE 官方帳號 ID 跟 LINE ID 一樣，只給客人「abm5406x」，結果客人搜尋時會出現「本 ID 不存在，或尚未開放查詢。」的錯誤訊息。請注意，LINE 官方帳號 ID 一定要加上「@」，改為「@abm5406x」，才是完整的 ID 喔！

另外，有些店家會忽略掉數字後面的一個英文字，給客人「@abm5406」，這樣一樣搜尋不到喔！要特別注意一下。

> ⚠ LINE 官方帳號 ID 與你個人 LINE ID 不同。在 ID 搜尋時前面務必輸入「@」，才能搜尋到你的帳號。

3.1.3 取得店家的行動條碼 (QR Code)

透過公開加行動條碼（QR Code），可以方便好友、客人加入帳號！將 QR Code 放置在文宣品上，只要消費者使用 LINE 掃描一下就能加入店家 LINE 官方帳號好友！行動條碼（QR Code）在電腦管理後台和手機 App 中都可以找到！

💻 動手試試看：**打開電腦管理後台 → 主頁 → 增加好友人數 → 增加好友工具**
→ 建立加入好友行動條碼

找到後行動條碼後，選擇你喜歡的樣式，然後點選「下載」按鈕，即可下載 ZIP 檔案，解壓縮後，可得到 QR Code，用於印刷品、海報…等。

若想要在網站中放上 QR Code，按下位於 QR Code 下方那串網址右邊的「複製」按鈕，並將它貼在網頁語法中即可。

📱 動手試試看：打開手機 App → 主頁 → 增加好友人數 → 建立加入好友行動條碼
　　　　　　　 → 儲存行動條碼

手機 App 中取得 QR Code

在手機 App 當中找到 QR Code 後，可以直接給客人掃描加入好友！

如果店家需要輸出海報、印刷品或是在菜單、產品包裝上加入 QR Code，可以點選「儲存」按鈕，就會將 QR Code 圖片檔案儲存在手機相簿當中，再另行輸出。此外，也可將 QR Code 發佈於部落格、社群平台上，消費者就可透過掃描行動條碼的方式成為好友。

 如果你是由 LINE@ 升級為 LINE 官方帳號 2.0 後，QR Code 會與原先不同。記得要重新複製使用！

3.1.4 專屬「認證帳號」店家：好友加入方式

前面分享了客人可以使用搜尋 LINE 官方帳號 ID 和點擊好友連結、掃描 QR Code 的方式加入好友，如果你已經成為 LINE 官方帳號「認證帳號」，還可以透過下列方式，讓你的客人更快速地加入好友喔！

關鍵字搜尋：客人在 LINE 當中，不管是在好友列表或是聊天室的畫面，都可以透過搜尋功能找到你的 LINE 官方帳號，而不用輸入 LINE 官方帳號 ID 或是掃描 QR Code，詳情可參閱 [1.5.2]。

LINE 主頁 → 搜尋框

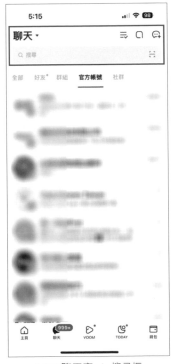
LINE 聊天室 → 搜尋框

 只要 LINE 官方帳號名稱或狀態消息，有包含搜尋用到的「關鍵字」，就會被找到喔！

設定好 LINE 官方帳號的基本設定，緊接著就是要正式開幕，開始招募好友囉！招募好友可以說是 LINE 官方帳號最重要的環節，因為有再好的產品、想法、服務，但是 LINE 官方帳號好友，永遠都只有兩個人：老闆跟員工，這樣的話，不管怎麼發群發訊息、優惠券都沒有用的，根本就沒有人看見！

其實要讓客人願意加入 LINE 官方帳號是有技巧和方法的，無論你是實體店家、網路電商甚至是以提供資訊、內容為主的服務商家，只要按照接下來的步驟，按部就班、實際操作，一定可以讓你的 LINE 官方帳號好友不斷上升，客人源源不絕！

3.2.1 超吸睛輔銷物：建立第一好印象

首先，要跟大家分享的就是店家擺設，因為當客人一進到店裡，映入眼簾的，除了店家本身的裝潢設計外，其次就是店家的輔銷物（例如：立牌、桌牌、店卡、海報傳單、裝飾品擺設等等），雖然先前提到客人只要搜尋 LINE 官方帳號 ID 或是掃描 QR Code 都可以加入好友，但是如果未能搭配吸睛的輔銷品，則會讓效果失色許多，降低客人注意的機率喔！

以 NIWATORI CAFE[1] 為例：店家不僅裝潢美輪美奐，更重要的是，每一個餐桌上都附上印有店家 LINE 官方帳號 ID 和 QR Code 的小卡片，讓客人在用餐時，隨時都可以注意到 LINE 官方帳號的資訊！

1　NIWATORI CAFE LINE ID：@niwatoricafe

圖片來源：NIWATORI CAFE https://www.facebook.com/niwatoricafe

此外，**NIWATORI CAFE** 也會在店裡擺設 LINE 熊大娃娃的裝飾，作為吸引客人目光的利器！這是我蠻建議使用的方式，因為相較於單純的海報、立牌，在店裡放置 LINE 娃娃，更有助於吸引客人的目光！不過，還是有個前提，就是要搭配店裡整體的裝潢和調性，會更有加分效果，而不是只是為了吸引客人注意，隨意放置娃娃，卻失去店家整體性。

從 NIWATORI CAFE 案例中，不難看出，其實店家不僅僅只是申請一個 LINE 官方帳號就開始招募好友，相關店面以及配套措施都要一併準備完善，在一開始招募好友時，會更能夠達到召募好友倍增的效益喔！

以下提供實體店家在哪些容易吸引客人注意的地方，可以擺設何種輔銷品作為宣傳，以及有什麼需要注意的地方，供店家參考。

LINE 官方帳號 店家輔銷物擺設建議

功能	位置 / 輔銷物 / 原因	擺設注意重點
	**門口立牌 / 人形立牌** 店門口通常是人潮較多的地方，會建議在店門口擺設大型的人形立牌，來吸引著過客的目光！	**QR Code 位置：** 很多店家請設計師設計海報，為了省事，直接就將海報設計稿拿來使用，很多海報的 QR Code 位置，通常都在最下方，如果直接設計成人形立牌，就會造成行人要掃描時，要蹲下才能掃描，這樣一來，就會降低掃描意願。
	**店家門口處 / 掛報** 門口懸掛大型海報、掛報，非常明顯，一眼就可以被看到，店家預算若足夠，是非常推薦擺設的輔銷物！	**QR Code 不適合：** 掛報位置通常較高，不建議加上 QR Code，掃描比較不容易，可改為使用 LINE 官方帳號 ID 搜尋的方式。
	**店家門口處 / 海報** 張貼有專屬 LINE 官方帳號資訊的海報在店裡，或是門口的公告欄，都可以吸引店內顧客或行人的注意，鼓勵加入好友！	**尺寸大小：** 建議張貼店門口的海報不宜過小，至少要有 A3 尺寸，才比較明顯！ **字數不宜過多：** 一般人不太會站在門口看海報的詳細內容，海報上只要有重要的標語和活動主軸（現打八折）之類的話語就好！

LINE 官方帳號 店家輔銷物擺設建議

功能	位置／輔銷物／原因	擺設注意重點
	**店家櫃檯／小立牌、娃娃** 櫃檯通常是點餐或是結帳時，客人會接觸到的地點，建議可以放置一些小立牌或是娃娃來吸引客人注意，留下好印象。	**不要只有立牌：** 建議在櫃台擺設不要只有立牌，因為一般人不太會仔細去看，可以搭配娃娃來吸引注意力，如果放置小卡片讓客人可以帶走，互相搭配效果會更好。
	**餐桌／小卡、桌牌** 餐桌通常是客人用餐待最久的地方，如果可以在餐桌擺放招募好友的小卡片、桌牌之類的輔銷物，效果會非常棒！	**小卡而非名片：** 在餐桌上擺設的小卡片，不要當成是名片使用，卡片或立牌，只要將 QR Code 以及招募好友優惠秀出即可。

好友招募成功術

在初期招募好友時，店家應該盡可能地思考店裡有哪些地方可以擺放輔銷物，以吸引客人注意，像有些髮廊會在鏡子貼上 QR Code 貼紙，當客人坐著剪髮時就會看到；服飾店可以在衣架、衣桿上，放置小貼紙、立牌，甚至在更衣間張貼；有些民宿業者，會在廁所中、洗手台上放置 QR Code，重點就是要在店裡面，越多地方張貼、擺設輔銷物，讓客人走到哪邊都可以看到、注意到，有時候看第一次不會注意或加入，看了好幾個地方都有 QR Code，反而會勾起客人的好奇心，想要掃描 QR Code 看看。

 店家自行製作輔銷物時，請注意熊大、兔兔、饅頭人等 LINE 角色，有角色肖像權，請勿未經授權逕自使用，以避免侵權問題。

3.2.2 專屬「認證帳號」店家：
熊大兔兔海報／輔銷物免費製作

如果你已經是通過 LINE 官方「認證帳號」申請的店家，LINE 官方帳號提供了一個免費的貼心服務：店家可以直接在電腦管理後台製作熊大兔兔的「公版海報」，省去請設計師設計輔銷物的費用，同時也可以合法地使用具有熊大、兔兔肖像的海報喔！

動手試試看：打開電腦管理後台 → 主頁 → 增加好友人數 → 增加好友工具

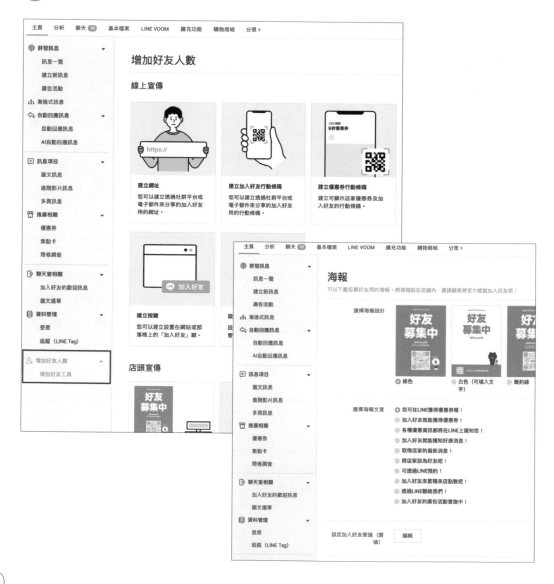

➊ 海報樣式選擇：電腦管理後台共提供了三種海報樣式可以做選擇，其中一款還有手機如何加入 LINE 官方帳號的操作教學，店家可以一併列印，方便向客人教學。

➋ 宣傳標語：總共有八種宣傳標語，可以針對店家屬性做選擇。

➌ 「建立」按鈕：點選「建立」按鈕後，就會自動產出海報檔案（PDF 檔案），便可以自行列印或是送到印刷廠印製大張海報！

除了海報之外，店家還可以利用「公版海報」設計一系列的輔銷物，例如：

▶ 桌上立牌：製作成桌上立牌，吸引消費者眼球！

▶ 店員掛牌：製作成店員佩戴的掛牌吸引顧客詢問。

▶ 宣傳酷卡：即時提供「加入好友」宣傳小卡 / 酷卡。

以美威鮭魚專賣店[2]為例，他們設計了酷卡，當顧客點完餐點後，送餐時會隨餐附上熊大兔兔酷卡，客人馬上就被餐盤上的酷卡吸引住，進而邀請顧客加入 LINE 官方帳號。

圖片來源：台灣 LINE 官方帳號官方網站 http://at-blog.line.me/tw/

2　美威鮭魚專賣店 LINE ID：@salmon_store

3.2.3 掌握住每一個與客人接觸時刻

前面討論到許多實體店家擺設輔銷物的案例與技巧，如果不是實體店家，無法擺設輔銷物怎麼辦呢？別擔心，這邊將分享網路電商、網拍店家應該如何開始招募好友，吸引著網友的目光。

LINE 官方帳號生活圈不僅提供行動條碼/QR Code 和 LINE 官方帳號 ID，還特別提供兩個針對網路店家招募好友的利器：一、加入好友按鈕；二、加入好友連結。

第一、加入好友按鈕

隨著智慧型手機越來越普及與方便，透過手機瀏覽與購物的比例也越來越高，如果我們只是在網站中放上 QR Code，當客人透過電腦瀏覽網站時，對於店家有興趣，可以直接拿起手機掃描 QR Code，加入店家 LINE 官方帳號好友，但是如果今天客人是透過手機瀏覽網站的話，就會碰到一個問題：「如何掃描 QR Code？」借別人的手機掃描嗎？當然不是，就算借了別人手機可以掃描，也不是自己加入啊！

或許有人比較厲害，知道可以直接在手機上，將 QR Code 另存圖片，存到相簿後，再透過 QR Code 掃描 App 或是 LINE 內建的 QR Code 掃描功能，將 QR Code 圖片讀出做掃描，但是我相信：第一、這樣的功能知道的人可能比較少；第二、光聽就很複雜，操作上也有一定難度，真的會這樣做的可能少之又少。

或許有人會想到：「那附上 LINE 官方帳號 ID，用 LINE 做搜尋呢？」沒錯，是可以這樣，但是還是稍微有點小麻煩，客人瀏覽網頁到一半，還要先跳出來打開 LINE，然後輸入店家 LINE 官方帳號 ID，多了好幾道手續，一般人會想要加入的意願就變得很低囉。

那究竟有沒有比較便捷加入 LINE 官方帳號好友的方式呢？有的！就是現在要介紹的「加入好友按鈕」。客人透過手機在瀏覽網站時，看到「加入好友按鈕」，直接點選就可以連接到 LINE，直接加入好友，非常簡便。現在，就讓我們來看看要如何做到。

💻 **動手試試看：打開電腦管理後台 → 主頁 → 增加好友人數 → 增加好友工具 → 建立按鍵**

複製該語法後，將其貼入網頁的程式碼當中，網頁中就會出現如下圖中的「加入好友」的按鈕。

當客人透過手機瀏覽網頁時，點選「加入好友」按鈕，就會自動打開 LINE，跳出左圖畫面，詢問是否要加入店家的 LINE 官方帳號。此時，點選「加入」即可加入店家的 LINE 官方帳號好友。

經營網路電商或是網拍的店家，可以多多利用「加入好友」的按鈕功能功能，在聯絡店家、關於我等網頁頁面，放置「加入好友」按鈕，甚至也可以放在電子郵件的簽名檔、購物訂單的電子郵件通知等，任何可能接觸到客人的頁面，讓客人更便捷的加入好友。

同樣地，你也可以透過手機 LINE 官方帳號 App，找到「加入好友」按鈕的語法。

📱 動手試試看：**打開手機 App → 主頁 → 增加好友人數 → 建立按鈕**

第二、加入好友連結

加入好友連結，可以方便在手機上傳遞，當客人點選連結時，就跟「加入好友按鈕」一樣會連動 LINE，讓客人方便、快捷地加入好友！

📱 動手試試看：**打開手機 App → 主頁 → 增加好友人數 → 建立網址**

在手機上，按下複製網址，可以複製文字，再轉貼至 LINE、部落格、社群網站等處做分享，網友可以直接點擊連結，加入好友。不過，我常說 LINE 官方帳號重要的不在於操作，而是你如何去應用這樣的功能。舉個早餐吃麥片 [3] 的例子：

圖片來源：早餐吃麥片 https://www.facebook.com/iHealth123/

當顧客下單後，他們都會寄送手機簡訊通知下單成功資訊，導入 LINE 官方帳號使用之後，就開始在手機簡訊當中，將「加入好友連結附上」，這麼一來，客人收到手機簡訊後，就可以直接點選連結加入好友！

> 早餐吃麥片接到您的訂單囉！
> 編號是＿＿＿＿＿＿ ★
> 貼心提醒：我們不會來電要求
> 更改付款方式喔！任何問題可
> 以加我們 Line 直接詢問 http://
> bit.ly/morning-line

藉由這個案例，店家可以開始思考，我們在處理網路訂單的流程中，是不是都會寄發手機簡訊、電子郵件通知等訊息，請記得把握住這些可以接觸到客戶的機會，無論是官方網站、訂單付款完成頁面、手機簡訊、電子郵件通知函等，都可以適當地放置「加入好友按鈕」或是「加入好友連結」喔！

3　早餐吃麥片 LINE 官方帳號 ID: @rul1812v

第三、Facebook 分享

手機版增加了一分享到 Facebook 按鈕，直接按 Facebook 按鈕就可以直接分享到 Facebook 動態消息。

📱 動手試試看：**打開手機 App** → **主頁** → **加入好友** → **Facebook**

選擇「Facebook」，會到 Facebook 頁面，按下「發佈」便可分享到 Facebook 中。

💬 把握每個接觸到客人的機會，是成功招募好友必備的基本功！

3.2.4 創意 QR Code：成功吸引眾人目光

店家如果想要創造出更吸睛的招募好友方式，也可以將腦筋動到行動條碼（QR Code）上面。例如，Cebu Pacific Air 就創造了一個 Rain Codes：

圖片來源：Youtube https://www.youtube.com/watch?v=RkTT0ADo2Uo

透過防水噴漆，在柏油路上噴出 QR Code 的形狀，晴天時，不太看得出來。但是，一旦下雨，防水噴漆就發揮功效囉！路面就會浮現 QR Code，許多路過的人看到都覺得新奇，而拿出手機掃描看看，究竟是什麼玩意，因為創意吸引著路人的目光、好奇心，藉由這個活動，Cebu Pacific Air 的線上預約成長了 37%。

在台灣南投縣竹山鎮也有一項非常特別的竹編工藝：「竹編 QR Code」，透過新時代的科技以及傳統竹工藝的深厚技法相互激盪，編織成 QR Code，讓許多第一次看到的民眾，大呼驚奇，紛紛拿出手機掃描、拍攝！

圖片來源：竹編 QR code https://www.facebook.com/Bamboo.QR Code

發揮點創意結合店家特色文化，就可以創造出吸睛的 QR Code，吸引顧客掃描！店家可以結合店內的產品及裝潢特色，並考量視覺效果和功能性，創造具有創意造型的 QR Code，便能成功吸引來店的顧客，大幅提升掃描意願，成功轉換為 LINE 官方帳號好友。

無論實體店家、網路電商、網拍店家，從上述這些 LINE 官方帳號好友招募吸睛案例中，我們可以發現：店家在募集好友時，需要全面性、通盤考量，任何可能接觸到顧客的機會點，從實體店家的輔銷物擺設、活動宣傳以至於網路電商的網站頁面、社群網站、手機簡訊、電子郵件等等，都要盡可能地讓店家的 LINE 官方帳號生活圈曝光，這樣，才能真正成功的轉換顧客成為 LINE 官方帳號好友，建立進一步的互動關係喔！

全面性導入 LINE 官方帳號的思維模式，才能真正發揮最大功效！

3.3 運用這些誘因，好友招募功力立即倍增！

前面說明了許多招募好友的吸睛案例和技巧，如果能再搭配「誘因篇」一起服用，LINE 官方帳號招募好友功力，必定增加百倍！在開始談「誘因篇」前，各位店家可以先回想看看，平常跟別人交換名片時，是不是常常看到名片上會有 QR Code，你是否曾經掃描過呢？除此之外，到某些店家或是旅遊景點，有時候也會看到 QR Code，你是否曾經掃描過呢？

我相信以上這兩個問題，大多數的人答案都是「否定」的。為何會這樣呢？因為只有放置 QR Code，但是沒有足夠的誘因和缺乏掃描動機，是造就這個現象的主因。因此當我們在放置輔銷物、加入好友按鈕等宣傳招募好友時，需要搭配上誘人的優惠，或是提供足夠的掃描動機，才會事半功倍喔！

以下分就誘因和動機跟各位店家分享，LINE 官方帳號招募好友成功的要因。

3.3.1 立即兌換獎品，促進掃描意願

提供優惠、折扣的方式，永遠都是招募好友最快的方式，但是既然要送就要送的有技巧，才能真正發揮出效益！許多店家在設計活動時，常見的有幾種方式：

第一、滿額折扣

誘因說明	許多店家在招募 LINE 官方帳號好友時,都會使用滿額送折扣的方式,例如先加入 LINE 官方帳號好友,購物滿 1000,即可折抵 100 之類的優惠。
適用對象	既有舊客或對商品有興趣的潛在消費者。
使用時機	招募舊客加入 LINE 官方帳號好友:滿額折扣的方式,其實適合用在招募「舊客」,當店家開始導入使用 LINE 官方帳號時,原先舊的客人尚未加入 LINE 官方帳號,或是有可能有加入店家私人的 LINE 好友,這時候可以透過「滿額折扣」的誘因吸引舊客加入 LINE 官方帳號好友。 對商品有興趣的潛在消費者:對於店家商品有興趣的潛在消費者,可能會因為看到滿額折扣時,就有意願加入 LINE 官方帳號好友,而獲得折扣。
問題點	需要先消費,才能獲得折扣,降低加入意願:如果消費者非舊客或對店家產品有興趣,一般人即便「先」拿到折扣,想到要先消費,就不太可能使用,更遑論,活動是要先加入 LINE 官方帳號才能獲得,光是在第一關卡,消費者考慮到還要消費才有折扣,就不會想要加入囉!

第二、加入好友即贈好禮

誘因說明	加入 LINE 官方帳號好友即可兌換獎品、禮物
適用對象	新客、舊客或對商品有興趣的潛在消費者
使用時機	吸引新客加入:加入 LINE 官方帳號好友時,可以隨著歡迎訊息,送上優惠券或是好禮兌換的訊息,讓消費者「馬上有感」,即刻兌換,會增加加入好友意願。
問題點	比較適合一開始招募新客:這樣的方式適合在一開始招募好友時使用,待店家已經募集到一定的好友數時,比較不適合使用,因為「歡迎訊息」只有第一次加入好友時才會出現!以長期經營的角度來說,一定要配合不同的活動與優惠進行。

在這裡我們討論的是一開始招募好友，我個人是比較建議，募集好友的誘因，應該是立即性、即刻就可以兌換或者是直接可以使用的方式，會讓顧客比較有感！例如餐飲業的店家，可以讓客人加入後，馬上送上一杯飲料、一盤小菜之類；美容、SPA、腳底按摩店家，可以讓客人加入後，就可以加時十五分鐘；網路電商則可以讓客人加入 LINE 官方帳號好友後，即刻獲得一組「優惠折扣碼」，結帳時可以馬上使用！

此外，還有一個小小的技巧，如果店家成本允許的話，在規劃優惠、折扣活動時，可以設計成讓每一個人都可以加入、都可以獲得的優惠。舉例來說：咖啡店如果推出加入 LINE 官方帳號好友，現場結帳就可以有八折優惠，我相信一定有客人願意馬上加入，不過，如果我們將活動修改為：加入 LINE 官方帳號好友，馬上可以獲得一杯小杯特調咖啡，而不是用優惠折扣的方式，店家需要付出的成本或許差不多，但是，對於招募好友來說，效果則是大大倍增，因為以一桌四個人點餐，結帳八折優惠，只要有一個人加入 LINE 官方帳號即可，現在如果換成加入者都可以換得一杯特調咖啡，則會變成四個人都有可能加入店家好友，一來一往就相差了三位好友，一整天營業下來，就可能相差二、三十位好友喔！

💗 人人都可加入，立即兌換，馬上有感！

3.3.2 隱藏版誘因，增加客人好奇心

雖然說優惠、折扣的方式可以達到「最快」的招募好友效果，但是不一定是「最好」的方式。相信許多人都有下載 LINE 貼圖的經驗，下載以後，第二個標準動作就是直接封鎖。同樣地，店家舉辦優惠、折扣活動，客人會不會因為要兌換獎品，現場加入 LINE 官方帳號好友，等兌換完獎品之後，就馬上封鎖呢？這個可能是非常高的，我遇過許多店家舉辦優惠活動，一開始很快速地累積好友，但是隔天馬上封鎖率飆升，有些甚至封鎖率高達 50 ～ 60%，因此，我建議店家除了優惠、折扣活動之外，可以運用「隱藏版」的誘因，來刺激客人的好奇心，進而想要加入 LINE 官方帳號好友。

那麼，究竟什麼是「隱藏版」的誘因和優惠呢？其實並不會很困難。以餐飲店家為例，原先店裡就已經有菜單，只要將其中一項餐點遮住或是先取消，當客人點餐時，就可以推薦給客人要不要點「隱藏版」的餐點，這時候再加上服務生的稍微「推坑」，說一句：「目前『隱藏版』是店裡最熱賣、客人最愛的餐點！」就會勾出客人的好奇心，想說沒有吃過，點來試試看，而願意先加入店家的 LINE 官方帳號好友。

腦筋動得快的店家，一定會想：「這樣和優惠送折扣，會不會有同樣的問題：客人點選餐後，就封鎖 LINE 官方帳號呢？」是的，一樣會有這樣的可能性，不過和優惠、折扣活動不同的是：「店家並沒有額外支出的成本！」送優惠、折扣，對於店家來說都是額外成本的支出，但是以「隱藏版」的概念來說，店家並沒有額外支出任何成本，只是提供客人可以選購「隱藏版」的權益！店家不用額外花費成本，就有可能換得 LINE 官方帳號好友數！因此會推薦店家可以多多思考如何運用「隱藏版」的概念來設計召募好友活動！

LINE 官方帳號好友招募術 - 誘因篇		
第三、隱藏版誘因		
	誘因說明	店家提供「隱藏版」優惠，來刺激消費者好奇心，進而想要加入 LINE 官方帳號好友，獲得「隱藏版」優惠！
	適用對象	新客
	使用時機	吸引新客加入時：就店家現有的資源，構思「隱藏版」餐點或服務，可搭配輔銷物宣傳，效果會更明顯！
	問題點	不適合舊客：如果店家「隱藏版」的餐點或服務，是將現有的菜單做隱藏，舊客本來還蠻期待，想要試試隱藏版餐點或服務，結果一上菜後，發現以前就有的餐點，這樣會讓客人覺得被欺騙，因此，使用「隱藏版」誘因時，需要特別注意到這個問題。 當然，如果店家的「隱藏版」餐點或服務是全新的規劃，自然就沒有這樣的問題囉！

以夠義式創意料理[4]為例：結合台中新社花海節活動的話題性，推出「隱藏版」炸物兌換活動，只要憑 LINE 官方帳號優惠券，或是直接加入 LINE 官方帳號好友就可以獲得「隱藏版」炸物兌換券，讓許多客人，因此而加入店家 LINE 官方帳號好友！

3.3.3 創意活動，創造話題引爆點

通常在輔導店家時，我常常會分享一個概念：「促銷≠行銷」，很多店家都會把優惠、折扣活動當作是「行銷活動」。事實上，不管是滿千送百、買一送一，這些和優惠、折扣有關的活動，充其量只能稱作「促銷活動」，那什麼才算是「行銷活動」呢？我自己的定義是：「行銷活動是必須加上『話題』性！」一個行銷活動必須具備話題性，讓人們看到後會想要討論、想要分享，才算得上是「行銷」活動！

4　夠義式創意料理 LINE 官方帳號 ID: @xat.0000131558.p9v

府城客運[5]就是一個非常好的例子，當初我們在討論招募好友的時候，一直想破頭，因為搭公車要能夠有什麼優惠實在很有限，即使是加入 LINE 官方帳號好友，就能夠免費搭乘一次公車，誘因好像也不夠誘人！

後來我們終於想到一個點子，在台南搭公車的群族大多是學生或是年長的長輩，而年輕人幾乎都會使用 LINE。因此，我們在聖誕節時，規劃了一個「傳情活動」，只要加入 LINE 官方帳號好友，留下想要傳達的心意，就有可能獲選，被秀在公車 LED 跑馬燈上。活動結合公車既有設備，雖沒有贈送優惠或折扣，但卻成功創造話題！

所以，我常常鼓勵店家在規劃招募活動時，未必要急著想說要送什麼優惠或是折扣，有時可以先朝著店家現有資源，作創意發想，創造話題引爆點。

3.3.4 人多力量大，激發病毒式宣傳

除了靠店家自己的力量招募好友，其實還有一招更快、更棒，就是透過好友拉好友，一個拉一個，發揮最大的效力！但問題是：「為何好友要幫你拉好友呢？」

我們先來看看 Minerva Mails Studio[6] 的例子：

案例分享：Minerva Mails Studio

運用 LINE 本身「推薦」功能，邀請 LINE 好友「推薦」LINE 官方帳號給好友，並將推薦給朋友的畫面，截圖回傳，即可以獲得從日本帶回來的小禮物！

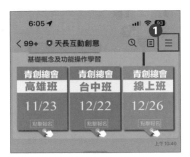

❶ 在聊天室畫面，點選右上角「三」(三條橫線) 下拉選單。

❷ 會看到下拉選單中有一個「推薦」功能，點選後，就會跳出 LINE 好友列表，選擇想要推薦的好友即可分享。

❸ 選擇想要分享的好友。

❹ 視窗當中就會出現，該店家的大頭貼與名稱，這時候你的朋友直接點選，就可以加入店家 LINE 官方帳號好友喔！

使用「推薦」功能來招募好友，有兩個地方要注意：第一、誘因：要有充分的誘因，才會使得好友們願意幫你「推薦」；第二、店家在規劃「推薦」活動時，因為操作的手續較為繁雜，一定要事先設計好圖文教學步驟，才能減低使用上的困擾。

此外，同樣是募集好友，還有另外一種方式：我們來看看舒壓禪繞畫[7]的例子：

案例分享：舒壓禪繞畫

*** 衝好友抽課程 ***

好康的活動來囉 ~ 來囉 !!!

即日起至 12/30，只要 LINE 好友破 200 人，我們將
提供最 Hito 的【禪繞聖誕卡實作班】二個免費上課
的名額，給好友進修唷 !!!

透過「群聚效應」，讓所有的好友變成一個「生命共同體」，一起衝破好友 200 人
數，就可以獲得店家加碼的活動。

其實，透過「群聚效應」的方式，還有許多行銷手法與話術，可以吸引客人願意加
入，而且是「儘早」加入。舒壓禪繞畫是以號召到 200 位好友，就提供免費課程。
我們還可以進一步變化成：LINE 官方帳號每增加 100 人，就舉辦抽獎活動一次，也
就是說 100、200、300 人各抽獎一次。依此類推，你就會發現其實越早加入 LINE 官
方帳號的好友抽獎的次數就可以獲得越多次，因此可以吸引顧客趕緊加入，而且因
為想要抽獎的緣故，就不太會馬上封鎖店家喔！

再舉一個我們幫咖啡店做的行銷活動，圖片中每一位都不是專業模特兒，而是來店
裡消費的客人，只要我們覺得來店裡消費的客人蠻上相的，就會邀請她來拍照，製
作成明信片，完成後，會送給客人五百張明信片，大多數願意讓我們拍照的客人，
當他們拿到明信片時，都很願意分享給朋友，間接地就在為咖啡店做行銷、宣傳。

---

7 舒壓禪繞畫 LINE 官方帳號 ID: @gqh6123t

這個例子想跟各位店家分享的重點是：「與其老王賣瓜、自賣自誇，推銷自己的產品、服務有多好，不如花一些心思跟顧客互動，幫顧客做行銷，自然而然就會創造出口碑效應！」很多店家在規劃行銷活動、宣傳活動時，都一味地強調自家產品、服務有多好，提醒各位店家，千萬不要把顧客當成笨蛋，現在資訊這麼發達、公開，消費者都會上網搜尋、比較，並不會只是聽店家說怎樣就是怎樣，反而透過網路搜尋到某個消費者的心得，相信接受度更高，因此想要透過「群聚效益」創造病毒式宣傳，店家不僅僅要提供足夠的「誘因」之外，更要與顧客建立關係、真誠互動，才能真正地達到口碑效應、病毒式行銷的效果！

與其行銷自家商品，不如行銷自家顧客，建立互動關係！

行銷經營活用術

從「邁向成功店家準備篇」到「招募好友成功術」，我們花了許多功夫在吸引客人願意加入店家的 LINE 官方號好友，好不容易客人加入了，一定要把握住跟客人互動的機會，讓客人感受到店家的溫暖、人情味，願意繼續留下來，這樣未來我們在發送訊息時，才能將商品資訊有效地傳遞給客人！

LINE 官方帳號雖然可以很即時、快速、有效地跟客人互動、傳遞店家訊息，但是也存在一個問題：只要客人封鎖你的 LINE 官方帳號，這個客人就幾乎是「回不去了」！因為客人封鎖後，就不會再看到店家的訊息，就算你今天發一個說要送他 iPhone 的訊息，他還是無法看到，所以，本章要跟各位店家分享，當客人變為 LINE 官方帳號好友留下來之後，我們要怎樣活用 LINE 官方帳號的功能持續地保持跟顧客互動，增進關係！

4.1 群發訊息：用親切口吻，創造店家個性！

所謂「群發訊息」就是能夠一次向 LINE 官方帳號全部好友發送相同的訊息，並且還能預先設定訊息的傳送時間，具有超高的開信率，店家若能搭配圖文並茂的活動文案，就能讓顧客受到吸引，有效提高店家曝光與成交率！

因此，店家開始經營 LINE 官方帳號後，最常用到的功能就是「群發訊息」，依據經驗來說，通常只要發送「群發訊息」時，一定會發生被封鎖的「慘案」，這是很難避免的一件事，店家也不用太在意，只要情況不要太嚴重就好，因為會封鎖你的，也不會是你的目標客群或是忠實好友。但是，如果你有發現，某次你發送群發訊息之後，封鎖的人數比例特別高，那就一定要修正「群發訊息」的內容或時間。接下來，就針對「群發訊息」發送時，有哪些重點和秘訣，跟各位店家分享！

如果你想要知道每次發送「群發訊息」之後，有多少好友封鎖你，可以至電腦管理後台或在手機 App 中查詢。

🖥 動手試試看：**打開電腦管理後台 → 分析**

📱 動手試試看：**打開手機 App → 下方列分析圖示**

4.1.1 要讓客人真的感覺到有個「人」在跟他對話

在廣告業界有個名詞「Tone and Manner」，簡單的說，就是指一個品牌的調性和風格，把品牌當作是一個人，來為「這個人」作風格調性區隔，建立品牌辨識度。就像我們平常和別人互動時，想到某個人，你就會想到他的個性，例如熱情、活潑、沈默寡言等等。同樣地，當我們開始經營 LINE 官方帳號時，也要將店家品牌，假想是一個人，跟客人做互動！

我們先前在 2.3 節「關鍵第一次親密接觸，決定你的印象分數！」中，已經提到如何透過「歡迎訊息」跟客人建立第一次親密接觸，那時我就有建議店家要以「第一人稱」的角度跟客人對話，不管是以老闆的角色還是員工的角色，總之就是要有「一個人」在跟客人對話，聽起來感覺很簡單，但是實際上，店家在發送「群發訊息」常常都很容易忽略掉，我們來看看底下的例子：

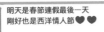

明天是春節連假最後一天
剛好也是西洋情人節

樂園在園區用超過 600 萬顆 LED 燈打造星光之城，走在裡面就宛如童話世界般超殺底片也超浪漫的

月光票現場推出票價也只要 299 元，晚間 7 點還有終場秀＋炫麗煙火秀
想省錢的情侶或朋友們也是個不錯的選擇喔！

抱歉今年過年我重感冒！連看訊息的精神都沒有，所以也很少回訊息！在此拜個晚年順祝情人節幸福美滿

明天是情人節～
預祝你情人節快樂，
不管你身邊有人 沒有人
我都會在你的身邊分享喜樂

^~^ e*

上面一則訊息，感覺只是在公告、發佈訊息，這樣的訊息發佈一、兩次，如果不是品牌愛好者，很快地就會被客人封鎖；下面一則，是店家的新年問候，感覺上就像在跟對方聊天一樣，感受上就會不同，許多客人甚至看到訊息，就會馬上回覆「保重，要注意健康」之類的訊息給店家。

你會發現，其實就在這一來一往之間，店家與客戶的關係，無形中就在慢慢建立與累積！因此，請記得一定要用「第一人稱」和客人對話！

4.1.2 群發訊息觸動客人的關鍵秘辛

在分享關鍵秘辛前，先來看看下面這一段訊息：

這段訊息的立意良好，因為天氣寒流來襲，而發出「群發訊息」問候好友們，提醒要多喝熱水，避免感冒，蠻貼心的。但是，後面緊接著「店內新品」，就會讓原本的貼心、溫暖打了折扣，會讓人感覺是別有目的，而不是真心的問候！

所以，這邊要提到的第一個關鍵就是：「結合時事，真心問候，不帶銷售目的！」店家可以結合一些時事，例如，天氣變冷、地震之後，可以發送「群發訊息」跟好友們互動。但是，請注意一定不要帶有銷售的目的性，這樣只會讓你的真心打對折喔！

其實，店家如果可以結合時事或是在一些小地方上和客人做互動，就能在潛移默化當中和客人建立好友關係、累積信任度，當客人越信任店家時，成交機率自然就會提升，不需要刻意地安排、穿插銷售的環節在訊息其中，這樣只會弄巧成拙！

> ♥ 結合時事，真心問候，不帶銷售目的！

此外在這段訊息當中還隱藏了一個小秘密，就是用了「大家」！咦？用大家有什麼錯嗎？當然沒有錯，只不過可以更好！怎樣可以更好呢？來看看我在中秋節時設計的卡片與發送的問候訊息！

關鍵秘辛

- 為您送上 ANDY 親自設計的中秋節卡片，祝您佳節愉快！
- 各位有看出端倪嗎？重點不在於我「親自設計」這幾個字上，重點關鍵字是「您」！
- 為什麼是「您」呢？「您」是尊稱比較有禮貌嗎？答案也不是！
- 那麼究竟關鍵秘辛為何是「您」呢？

答案的關鍵在於：雖然我們在發送訊息時是用「群發訊息」，但是對於客人來說，都是在 LINE 的聊天室當中接收訊息，這意味著什麼呢？客人根本不會知道店家是使用「群發訊息」還是「一對一聊天」發送訊息，因為對於客人而言，收到訊息時都是顯示在 LINE 的聊天室當中，因此我會建議店家在發送訊息時，盡量避免使用「你們好、大家好、各位好友」等字眼，而是改以「你、您」來稱呼你的好友，這樣一來，客人收到訊息時，會感覺店家針對他在互動、對話，如此客人回覆與互動的機率就會提高，同時間客人亦會感覺到店家有重視他，感受到不同的待遇、專屬的對待！

所以以剛剛天氣寒流的問候語為例，簡單地修改如下，客人收到訊息的感受就會大大不同！

好冷好冷～大家記得多喝熱的別感冒囉！	好冷好冷，ANDY 超怕冷的，提醒你，記得多喝點熱的，別感冒囉！

用「你」帶給客人專屬的問候與感受，可快速加溫喔！

4.1.3 群發訊息發送操作教學

初步了解「群發訊息」發送關鍵秘辛後,我們來看看究竟要怎樣發送出群發訊息給客人!

💻 動手試試看:**打開電腦管理後台 → 主頁 → 群發訊息 → 建立新訊息**

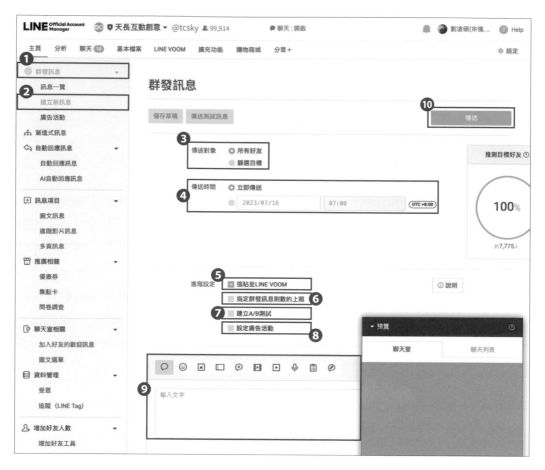

❶ 群發訊息:進入網頁管理後台後,在左上角的「主頁」點選「群發訊息」的文字選項。

❷ 建立新訊息:點選群發訊息之後會下方會顯示「建立新訊息」,點選「建立新訊息」就可以設定「群發訊息」。

❸ 設定傳送對象:可以選擇「所有好友」或是「篩選目標」作為發送對象。其中「篩選目標」又分為「受眾」、「依屬性篩選」兩種方式,後面章節會再詳細說明。

④ 設定日期與時間：可以選擇「立即傳送」，也可以設定好預約傳送訊息的時間。

⑤ 張貼至 LINE VOOM：選擇在發送「群發訊息」時，是否同步投稿至 LINE VOOM。但是有個限制，就是你發送的訊息只能是一則 (一個對話框)，才能同步發送至 LINE VOOM，但若發送多則訊息，則無法同時投稿。

⑥ 指定群發訊息則數的上限：可依預算指定要發送的訊息量（須小於目前仍可傳送的則數），系統會隨機推播給帳號中的目標好友。

> ☑ 指定群發訊息則數的上限
>
> 168
>
> 確認訊息用量

⑦ 建立 A/B 測試：A/B 測試可用於所有好友或透過「篩選目標」使用， A/B 測是主要是用於測試訊息對於設想傳遞的目標族群是否有效益，由於 A/B 測試訊息也會列入訊息數量的計算，因此建議商家如果要減少訊息數量的浪費，還是要先透過「篩選目標」做分眾再做 A/B 測試喔！注意：請將「各變化組用戶」設為 2,500 人以上。

⑧ 設定廣告活動：透過設定 1 個廣告活動至多則訊息中，便能以廣告活動為單位進行統計。 僅能於 1 則訊息中設定 1 個廣告活動。

❾ 訊息格式：選擇要發送的訊息格式。可以用「文字」、「貼圖」、「照片」、「優惠券」、「圖文訊息」、「進階影片訊息」、「影片」、「語音訊息」和「多頁訊息」等訊息格式，每次最多可以同時傳送三則訊息。

文字	貼圖	照片	優惠券	圖文訊息	進階影片訊息	影片	語音訊息	問卷調查	多頁訊息
◯	☺	▣	▯	⊕	▦	▶	⬤	☰	✎

> ⚠ 「優惠券」、「圖文訊息」、「進階影片訊息」和「多頁訊息」此四種訊息格式，必須先設定好，才能在群發訊息中選擇要發送的訊息。

- 當你有多個訊息格式時，可以透過每個對話框右上角「∧」、「∨」上下箭頭，來調整訊息的前後順序！同時在群發訊息設定畫面的右下角，有一個「預覽」的視窗，可以同步看到訊息發布後，在「聊天室」和「聊天列表」的情況！

❿ 傳送：點選「傳送」按鈕，則會將訊息立即發送給所有好友，當然，如果是預約發送或是依屬性篩選發送，則會在你指定的時間及屬性發送給好友。

📱 動手試試看：**打開手機 App → 主頁 → 傳送群發訊息**

手機版 APP 下方功能列名稱：

主頁	LINE VOOM	聊天	分析	提醒

① 傳送群發訊息：進入主頁，點選「傳送群發訊息」按鈕，即可進入「群發訊息」介面。

② 新增新訊息：進入群發訊息介面，按下「新增」可進一步設定「編輯群發訊息」。

❸ 訊息格式：選擇新增後，可選擇「文字」、「貼圖」、「照片」、「優惠券」、「圖文訊息」、「進階影片訊息」、「影片」、「語音訊息」、「問卷調查」和「多頁訊息」等訊息格式，每次最多可以同時傳送三則訊息。

❹ 編輯訊息區：選擇要發送的格式後，進行編輯。

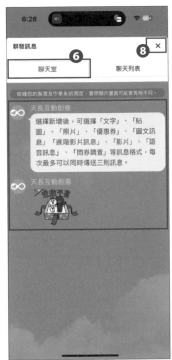

❺ 預覽：編輯完成後，可點選右上角的預覽，確認群發訊息的狀態。

❻ 聊天室預覽模式：在這個模式中，可以預覽群發訊息發送到客戶手機 LINE 聊天室的畫面。

❼ 聊天列表預覽模式：這個模式是模擬群發訊息發送到客戶 LINE 手機聊天列表的顯示情況。要特別注意的是，聊天列表通常只會顯示「最後一則訊息」，不像聊天室會一次顯示全部訊息內容。例如下圖的對照：

❽ 關閉預覽：確認群發訊息狀態後，按下右上角的「X」，可關閉預覽頁並回到編輯頁。

- 最後一則為「文字型」訊息格式，所以在聊天列表預覽中，就會顯示文字訊息內容。

- 最後一則為「貼圖型」訊息格式，所以在聊天列表預覽中，就只會顯示「天長互動創意傳送了貼圖」。

- 這部分看似只是個小細節、小地方，但卻非常重要喔！因為許多消費者，並不一定是在第一時間就會看到群發訊息，而是有空時才去瀏覽，這時候通常會先看到的是「聊天列表」，因此聊天列表上面顯示的文字是否吸引人，就攸關於訊息的點擊和開封率喔！

❾ 綠色「下一步按鈕」：如果你點選「儲存草稿」按鈕，群發訊息將會儲存至草稿中，可等有空時再進一步編輯，若要確認發送，點選綠色「下一步」按鈕。

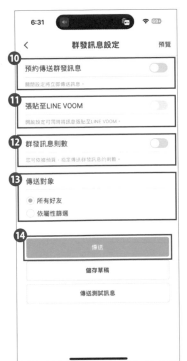

⑩ 預約傳送群發訊息：關閉「預約傳送群發訊息」按鈕，會立即傳送群發訊息，開啟「預約訊息的傳送時間」選項，可設定預約發送時間。

⑪ 張貼至 LINE VOOM：開啟後將會把群發訊息同步傳至 LINE VOOM。但是有個限制，就是你發送的訊息只能是一則，才能同步發送至 LINE VOOM，但若發送多則訊息，則無法同時投稿。

⑫ 群發訊息則數：可依預算指定要發送的訊息量（須小於目前仍可傳送的則數），系統會隨機推播給帳號中的目標好友。

⑬ 傳送對象：可以選擇「所有好友」或是「依屬性篩選」作為發送對象。「依屬性篩選」可以選擇「性別」、「年齡」、「縣市」、「作業系統」、「加好友所經過的期間」發送，但是目標好友數需超過 100 人及篩選後的好友需達 50 個才可使用此功能。

⑭ 綠色「傳送」按鈕：如果你點選綠色的「傳送」按鈕，就會正式將你設定好的訊息，群發給所有的好友！或是先「儲存草稿」，等有空時再進一步編輯，也可以先傳送測試訊息給自己，先觀看群發後的狀態！

群發訊息最基礎的方式就是針對「所有好友」，都發送訊息即可！許多店家、學員在設定「群發訊息」時，都會看到有一個「傳送對象」的選項，分為「所有好友」、「篩選目標」（如下圖），

傳送對象	○ 所有好友
	● 篩選目標

傳送對象名稱（選填）　　　　　　　　　　　　　　0/100

您可設定篩選條件名稱以利管理，篩選條件名稱將顯示於訊息一覽的「對象」處。

受眾・傳送記錄

未選擇

依屬性篩選　什麼是屬性資訊？

未選擇

便會開始思考可以怎樣分眾與節省訊息發送，其實這反而不是好的方式。我上課時都會分享：LINE 官方帳號這個社群平台，和其他社群平台有點不一樣的地方，就在於：會加入的好友，通常都是對於店家、品牌有興趣，才會選擇加入，通常不會無緣無故就加入一個 LINE 官方帳號！因此一開始好友人數還不多時（低於 1,000人時），其實都只要先直接「發送給全部好友」即可，即便有人封鎖也不用擔心，因為這些初期就會封鎖的好友，本來忠誠度就不高，還不如在一開始的時候就「封鎖」，這樣未來反而省了訊息費用。因為如果對方封鎖你，自然群發訊息就不會發送給對方，也就不會向店家收取訊息費用喔！所以我常開玩笑，反而要感恩、感謝那些封鎖的好友，他們其實幫我們省下許多訊息費用！

群發訊息只會發送給未封鎖的好友對象，不會發送給已封鎖的好友！自然就不會向店家收所費用喔！

所以比較建議一開始，好友人數不多就都先用群發訊息中，發給「所有好友」的方式即可，慢慢地再開始運用分眾的方式，發送特定的訊息給特定的族群，來增加訊息的開封率、成交率！

下一節 (4.2) 中，我們也會再詳細的探討與說明「篩選目標」中「受眾」以及「依屬性篩選」的差異性，以及如何運用。

4.1.4 群發訊息發送建議時間

雖然 LINE 官方帳號群發訊息發送後，所有好友都會立刻收到，但是，大部分人的 LINE 可能會同時收到許多訊息，所以，在恰當的時間發送訊息就顯得非常重要。如果你平常有為了下載貼圖，而且沒有封鎖該帳號的話，店家就可以多多觀察一下，通常這些官方帳號都會在哪些時間發送（有封鎖就趕緊解鎖幾個吧，哈！）。

大部分帳號都會設定中午十二點和晚上九點左右發送訊息，有些則會在下午兩點左右發送訊息，建議店家可以避開這幾個時間，避免和其他商家的帳號一起發送訊息，才不會讓你的訊息淹沒在眾多廣告訊息當中，可以依照上述時間，稍微調整為前後半小時、一小時，作為發送訊息時間。例如，調整為早上十一點、下午一點，晚上八點、八點半。

當然以上時間僅供參考，實際上，還是要依據店家屬性和好友特性，來做調整。舉例來說：如果我的產品是販售早餐三明治、營養果汁、麥片等等，可能就要設定在早上八點左右發送訊息，這剛好是一般上班族上班準備要買早餐的時間，或者是在晚上九點半左右發送訊息提醒客人，明天記得吃早餐，因此何時發送訊息，並沒有一定的標準時間，還是有賴店家保持持續跟客人互動、觀察以及測試（嘗試在不同時間點，發送訊息，看看客人回覆、互動的情況），才能達到最佳效果。

不過有一點一定要注意——請避免在凌晨發送「群發訊息」。一來擾人，容易被封鎖，二來官方有規定，如果長期或多次在凌晨發送「群發訊息」，你的 LINE 官方帳號是有可能被停權的喔！

用心觀察好友特性與之互動、測試，是店家成功的不二法則！

4.2 分眾訊息：有效節省行銷預算，降低封鎖、提升業績！

過往在 LINE 官方帳號推播帳號時，我們只能選擇「群發訊息」，一次發送訊息給所有的好友。這個功能是最多數店家使用的方式，但是隨著數位時代的蓬勃發展，每一天、每一個人要接觸到的訊息實在是太多！根據「尼爾森媒體大調查」[1]，現今 LINE 不是只有傳訊通話的功能，更成為用戶獲取資訊的重要管道；然而，有高達 92% 的用戶表示，許多商家拋出的資訊實在太多太干擾，原因包括：「官方帳號推播太多廣告資訊會影響點閱意願」、「傳送太頻繁」、「訊息內容非所需」等，最核心的理由是因為用戶覺得商家發出的資訊跟他的需求相關性太低，當用戶覺得頻頻收到廣告或垃圾訊息，他們會覺得發出這些訊息的商家帳號沒有繼續追蹤的價值，再進一步就是直接封鎖帳號了。可見店家如何將「有用、有價值、有需求的資訊」發送給目標客戶，是一門非常重要的學問。

很多店家、學員看到這邊，不禁又擔心，那是否不要太常發訊息才對呢？甚至有些店家反而都不敢發群發訊息，因為只要每次發送就有人封鎖！其實也不需要因噎廢食，就舉一個我合作過的商家 Girl's Monday [2]，他們一開始時，也是幾乎每天都發群發訊息，但是長期下來，封鎖率都不超過 30%！這其實說明一點，不在於你發訊息給消費者的頻率多寡，而是在於你發送的訊息，是否真的是消費者所喜歡的！以 Girl's Monday 的好友（消費者）屬性來說，是喜歡逛街、瀏覽新款樣式，反而會去期待店家又有哪些新品上架，因此常常發送新品訊息，反而不僅沒有增加封鎖，還更能夠創造業績成長！

話雖如此，大家或許還是會擔心，如果我不太清楚客戶的屬性和特性，那群發訊息是不是風險還是很大，而且訊息量過高、效益又低的話，這樣反而會浪費許多行銷資源和預算。現在 LINE 官方帳號推出「分眾群發訊息」，可以讓店家針對特定主題，給予消費者有趣、有用的內容，而不再只是「一視同仁」，將同樣的訊息發給不同的群體，例如台灣幫棒農 [3]，他們針對購買過的客戶一一註記「標籤」，例如

1　尼爾森媒體大調查：https://linecorp.com/zh-hant/pr/news/zh-hant/2018/2466
2　Girl's Monday LINE ID: @girlsmonday
3　台灣幫棒農 LINE ID: @ict3950z

有客戶買過火龍果、玉米，就為該客戶貼上「火龍果」、「玉米」的標籤，未來產季時，就可以針對有標記過「火龍果」標籤的客戶挑選出來，發送給他們最新商品上市的訊息。同理，如果有些客戶從來都沒有買過「芭樂」，那麼未來有「芭樂」上市，就不一定要發送給這些客戶，這樣不僅能達到節省訊息費用，也可以避免因為客戶不喜歡芭樂，卻常常收到芭樂的訊息，覺得很煩，進而封鎖店家！如此一來，透過長期的培養，養成好友獲取資訊的習慣，便能夠提升好友黏著度及對官方帳號的關注度。幫助店家更有效地節省行銷費用，更能夠達到降低封鎖率、增進業績的效果喔！

接下來，我們來看看 LINE 官方帳號後台在群發訊息功能裡提供了哪些豐富的分眾設定及運用功能，以及學會如何在聊天室為客戶下「標籤」，有效運用標籤做好客戶管理與分眾行銷！

 分眾訊息設定是建立在「群發訊息」設定中，因此要先學會群發訊息設定唷！（可以參見 4.1.3）

4.2.1 依「屬性篩選」發送訊息

💻 動手試試看：打開電腦管理後台 → 主頁 → 群發訊息 → 傳送對象 (篩選目標)

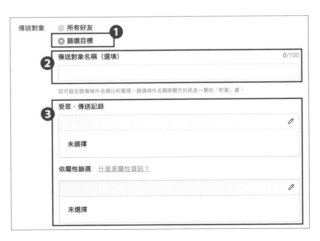

❶ 篩選目標：當我們在設定「群發訊息」時，選擇「傳送對象」時，可以看到「篩選目標」選項。

❷ 傳送對象名稱 (選填)：您可設定篩選條件名稱以利管理，該名稱主要是幫助記憶和分辨，若有填寫，則名稱將會多一個在「主頁」 → 「群發訊息」 → 訊息一覽 → 已傳送 (頁籤) 的「對象」欄位。若無填寫預設則為「篩選目標」。

❸ 在依屬性篩選欄位右方，點選「鉛筆」圖示。

❹ 接著可以看到可用於篩選的各種屬性，例如屬性分「加入好友時間」、「性別」、「年齡」、「作業系統」、「地區」等，選擇你要的篩選條件作設定。

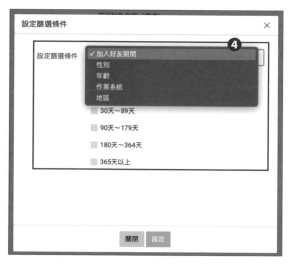

• 注意上述屬性資料，是依據該 LINE 用戶所持有的貼圖、加入好友的官方帳號等使用狀況所推測出的結果。用戶的聊天及通話內容等一律不作為推測資料使用。由於少數用戶無上述可推測的屬性資訊，因此本頁面所顯示的推測人數與其他頁面所顯示的統計項目人數可能有所不同。由於推測資訊將隨時更新，在不同時間查詢到的推測人數可能有所不同。屬性中的「加

入好友期間」是由加入好友當天起計算的天數。由於實際反映好友的屬性資訊最長需要約 3 天，透過「依屬性篩選」功能傳送訊息時，所使用的也是 3 天前的屬性資訊。

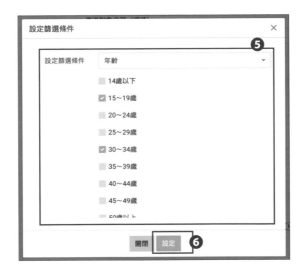

❺ 設定篩選條件：勾選你想要篩選的好友屬性。

❻ 選擇好後按「設定」，即可儲存篩選條件。如下：

❼ 在此可以看到，我們已經選擇「年齡」屬性，篩選條件為「15~19 歲」以及「30~34 歲」。

- 篩選條件亦可以多選，只要重新點選「鉛筆」的部分，就可以修改和新增篩選條件。例如我們加選「性別」與地區，如下圖：

 動手試試看：打開手機 **App** → 主頁 → 傳送群發訊息 → 傳送對象 (篩選目標)

❶ 選擇「依屬性篩選」。

❷ 點選「設定篩選條件」。

❸ 篩選條件名稱：填寫名稱群發後，名稱將會顯示在「主頁」→「群發訊息」→ 選擇「已傳送」的「對象」。

❹ 屬性：屬性有分「加入好友時間」、「性別」、「年齡」、「作業系統」、「地區」，選擇你要的屬性作分眾。

❺ 按下「＜」回到前一頁。

4.2.2 依「受眾・傳送記錄」條件發送訊息

在群發訊息時，除了前述的「依屬性篩選」的方式挑選好友作為發送訊息的條件外，我們還能夠更進一步、更精準地使用「受眾・傳送記錄」的方式，來挑選出我們想要發送訊息的對象。

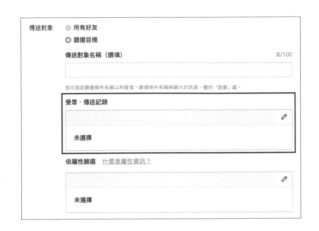

 「受眾」必須先在電腦管理後台「主頁」→「資料管理」→「受眾」中，先設定好受眾的條件，才能在群發訊息時，選擇使用。

如未事先設定「受眾」，當點選受眾時，會顯示如下視窗：

動手試試看：**打開電腦管理後台** → **主頁** → **資料管理** → **受眾**

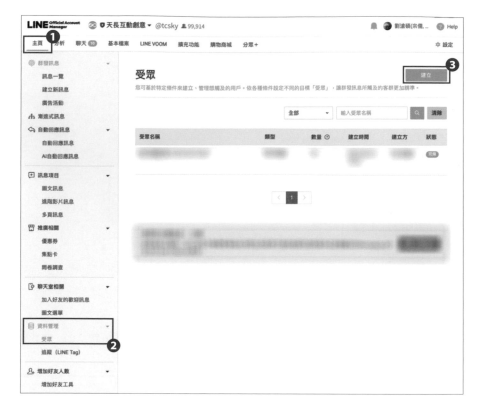

❶ 進入網頁管理後台後，找到左上角的「主頁」。

❷ 點選「資料管理」中的「受眾」的選項。

❸ 點選「建立」按鈕，建立受眾。

在設定「受眾」時，系統預設有六種方式，分別說明如下：

受眾類型	說明	小提醒
使用者識別碼 UID 上傳	• 以 TXT 和 CSV 格式文件上傳 UID 來建立受眾。 • 此類型需要透過 Messaging API 來取得用戶 UID [4]。	一次最多可以選擇 5 個文件在以下情況下，將會導致上傳失敗： • UID 格式不符。 • 文件中包含了重複的 UID。 • 超過了一次可以上傳的 UID 的最大數量(150 萬筆)。 • 上傳的文件內包含無效的 UID。
點擊再行銷	點擊過 60 天內傳送之群發訊息內連結的用戶。	• 點擊建立後可查看 60 天內群發訊息的內容列表。 • 如果點擊用戶數少於 20，則顯示～ 19。 • 儲存後，您將無法更改選擇受眾的訊息。
曝光再行銷	閱讀過 60 天內傳送之群發訊息的用戶。	• 點擊建立後可查看 60 天內群發訊息的內容列表。 • 儲存後，您將無法更改選擇受眾的訊息。
聊天標籤受眾	有被標記 1 對 1 聊天標籤的用戶。	可將一對一聊天的標籤建立為受眾，如果標籤被刪除，該受眾也將被刪除。
加入管道受眾	指透過特定管道將您的帳號加入好友的用戶 (依序點選「分析」 >「好友」>「加入管道」可確認加入管道的相關資料)。	受眾規模須達 50 人才能用於傳送群發訊息。
網站流量受眾	可基於 LINE Tag 的追蹤資訊建立受眾。	受眾規模須達 50 人才能用於傳送群發訊息。

4　UID 取得請參考 LINE Developers: https://developers.line.biz/en/

使用者識別碼 UID 上傳

使用情境說明：通常會使用「使用者識別碼 UID」，是有自行串接 Messaging API 程式時，比較會用到！透過 Messaging API 創造出來的客製化系統，可以針對更多元的顧客屬性（例如曾買過的人、加入 2 年以上的會員、消費前 100 名的顧客等）打造出更精準且專屬的客製化訊息發送後台，也就是常說的幫顧客「貼標籤」的功能；「貼標籤」功能可以協助商家在好友與官方帳號訊息的點擊或回應等等的互動過程中，將好友的特性以不同的標籤來做記錄與分類。

為了方便管理，當使用 Messaging API 幫好友貼「標籤」時，能夠取得「使用者識別碼 UID」，這時候就可以將這些資料匯入到管理後台，方便管理以及未來發送群發訊息分眾使用！

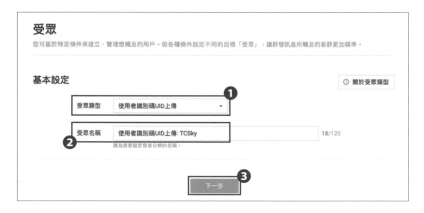

❶ 點擊「受眾類型」選單，選擇「使用者識別碼 UID 上傳」。

❷ 填寫「受眾名稱」，最多 120 個字。 這個名稱主要就是幫助我們管理上方便記憶、容易管理，自行命名好記即可。

❸ 點選「下一步」。

❹ 上傳使用者識別碼 UID(由 Messaging API 來獲取用戶 ID)。

❺ 點擊「更新」。

點擊再行銷

使用情境說明：收集 60 天內發送過的群發訊息，將有點擊的名單收集後，可在針對該名單再次發送訊息。例如在行銷檔期，特別可以針對以及點擊過群發訊息的好友名單，再次發送訊息，提醒客戶購買，並提供相關的促銷活動或折扣碼，這種點擊再行銷的策略可以提高轉換率和回購率，因為它專注於重新接觸對你的產品或服務已表達興趣的用戶。透過追蹤他們的活動並以個性化的方式呈現廣告，你能夠建立更強大的品牌認知和客戶忠誠度。

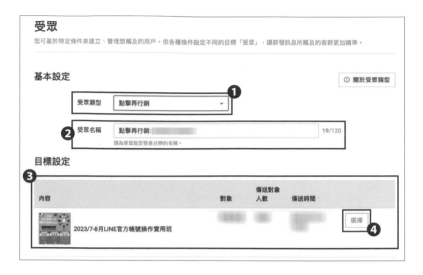

❶ 點擊受眾類型右方的選單，選擇「點擊再行銷」。

❷ 輸入容易記得、辨識的「受眾名稱」，方便日後管理。

❸ 選擇之後，在下方會顯示最近 60 天內發送過的群發訊息列表。

❹ 針對想要選取的受眾，點選「選擇」按鈕，此時會將該則群發訊息中,具有的連結網址以及點擊的用戶數 (如果點擊用戶數少於 20, 則顯示～ 19) 條列出來,如下圖:

❺ 針對想要選取的受眾，點選「選擇」。

❻ 點選此處的「變更」，可以重新選擇「群發訊息」。

❼ 點選此處的「變更網址」，可以重新選擇該則群發訊息中的受眾與連結（回到步驟4）

❽ 完成後，點擊「儲存」，即可儲存受眾設定。

曝光再行銷

使用情境說明：收集 60 天內發送過的群發訊息，將看過該則訊息的用戶名單收集起來，可在針對該名單再次發送訊息。例如一位用戶曾經看過你的旅遊套餐廣告，但沒有進一步的互動（如點擊或訪問你的網站），你可以使用曝光再行銷策略來重新吸引他們。透過再次展示之前看過的旅遊套餐廣告，並提供特定的優惠或促銷活動，以吸引他們進一步探索和預訂該套餐。

曝光再行銷的策略可以提高廣告的記憶度和品牌認知，將你的產品或服務重新呈現給對其曾經表達興趣的用戶。透過個性化和有針對性的廣告，你可以在用戶的瀏覽體驗中建立連貫性，增加轉換率和回購率。

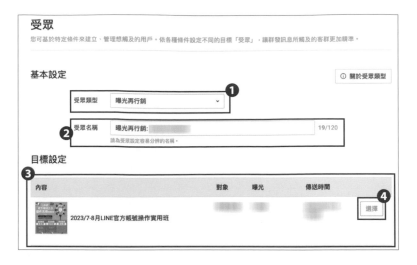

❶ 點擊受眾類型右方的選單，選擇「曝光再行銷」。

❷ 輸入容易記得、辨識的「受眾名稱」，方便日後管理。

❸ 輸入「受眾名稱」，建立完成後可查看 60 天內的群發訊息內容列表。

❹ 點選目標設定中的「選擇」。

❺ 若要變更選擇，點選「變更」。（回到步驟 3）

❻ 確認後點選「儲存」，即可儲存受眾設定。

聊天標籤受眾

使用情境說明：聊天標籤受眾的自訂和自由度最高，店家可以在一對一聊天視窗中，根據使用者的特性、行為以及相關購買品項，為該用戶貼上「標籤」，然後在特定檔期活動時，將訊息發送給標籤受眾。

例如針對用戶喜歡或購買哪種類型的產品，便可以貼上「家庭用品」、「時尚服飾」或「科技產品」之類的標籤。接著，當你要推出新的家庭用品系列時，便可以挑選已標籤為「家居用品」的用戶發送相關訊息或優惠券。這樣，你可以確保將有針對性的訊息傳達給對該產品感興趣的目標受眾，提高轉換率並提升用戶體驗。

聊天標籤受眾的策略可讓你更了解和追蹤用戶的偏好和需求，並透過個性化的行銷訊息與他們互動。這種方法可以提高用戶參與度、建立品牌忠誠度和促進銷售增長。

❶ 點擊受眾類型右方的選單，選擇「聊天標籤受眾」。

❷ 輸入容易記得、辨識的「受眾名稱」，方便日後管理。

❸ 目標設定中，會顯示出已經設定的標籤，選擇想要設定的標籤受眾，點選「選擇」。

- 列表中，若「選擇」按鈕呈現「灰色」，無法點選，表示該標籤先前已經設定過同樣的標籤受眾，因此無法再選擇！
- 若從未設定過「標籤」，在「目標設定」處，將不會顯示任何標籤列表。須先至「聊天」→「聊天設定」→「標籤」中設定。
- 標籤設定，請參考 4.2.3，會有詳細說明與介紹

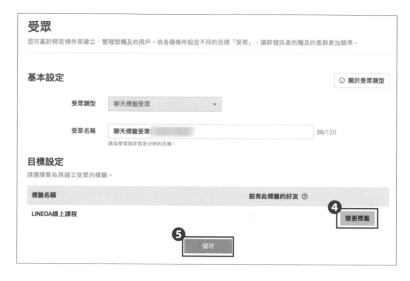

❹ 若要重新選擇標籤，可點選「變更標籤」。（回到步驟 3）

❺ 確認好標籤後，點選「儲存」，即可儲存受眾設定。

加入管道受眾

使用情境說明：可清楚用戶是由何種管道加入 LINE 官方帳號，例如加入好友圖示、LINE Login、搜尋等等。這種加入管道受眾的策略有助於建立長期的客戶關係，提高銷售轉換率和客戶忠誠度。通過逐步培養與潛在客戶的互動，你能夠提供有針對性的內容和訊息，以滿足他們的需求並引導他們朝著購買的方向前進。

❶ 點擊受眾類型右方的選單，選擇「加入管道受眾」。

❷ 輸入容易記得、辨識的「受眾名稱」，方便日後管理。

❸ 點擊「月曆框」，選擇分析的區間。

❹ 選擇「放大鏡」進行搜尋。

❺ 系統會出目前所有好友加入的管道列表。

❻ 選擇想要設定受眾的管道，點選「選擇」按鈕。

- 列表中，僅能選擇規模達 50 人以上的管道。未滿 50 人，「選則」按紐會呈現「灰色」形式。未滿 20 人，在規模部分則會出現「~19」。

- 步驟 5 中展示的管道，會根據每個帳號是否有運用該功能，而有所差異。

- 例如沒有使用 LINE Login 功能讓好友加入帳號，後台自然就不會顯示出 LINE Login 這個選項喔！

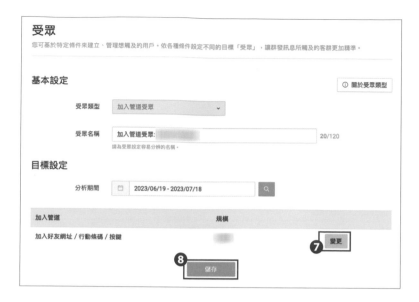

❼ 若要重新選擇管道，可點選「變更」（回到步驟 6）。

❽ 確認好管道後，點選「儲存」，即可儲存受眾設定。

網站流量受眾

使用情境說明：通常是來搜集拜訪過埋有 LINE Tag 追蹤程式碼網站 / 網頁的用戶。

假設你是一家 B2B（企業對企業）軟體公司，你提供一個免費的工具或資源，用於幫助企業管理和分析他們的數據。你希望將潛在客戶吸引到你的產品並開始建立與他們的關係。

你可以在你的網站上提供一個註冊頁面，邀請用戶免費加入該工具的使用者群體。當用戶填寫註冊表單並加入你的使用者群體時，你可以將他們納入你的網站流量受眾。

> LINE Tag 追蹤程式碼，可以在電腦管理後台 → 「資料管理」→ 追蹤 (LINE Tag) 選項中找到！

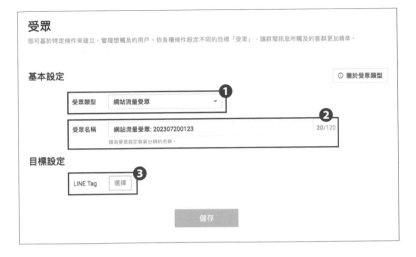

① 點擊受眾類型右方的選單，選擇「網站流量受眾」。

② 輸入容易記得、辨識的「受眾名稱」，方便日後管理。

③ 在「目標設定」中點選 LINE Tag「選擇按鈕」，接著會跳出下圖視窗。

④ 找到對應的 LINE Tag，點選「選擇」。

⑤ 選擇想要追蹤的「目標對象」。

⑥ 確認好後，點選「儲存」，即可儲存受眾設定。

當我們依據上述不同的受眾設定方式，設定完成，點選「儲存」後，會回到「受眾」列表的畫面，如下：

在最右邊的部分，可以看到「狀態」欄位，相關功能說明如下：

受眾的狀態	
狀態	**內容**
可用	• 可以使用的受眾。 • 可透過點擊受眾名稱來修改此受眾名稱。
準備中	• 正在準備中的受眾。 • 您可透過點擊受眾名稱來修改此受眾名稱。 • 啟用受眾可能會需要數小時。 • 如果受眾數量未達 100 人，則狀態將不會從準備中更新。 • 聊天標籤的受眾需至少超過 1 人。
失敗	• 在建立過程中出錯的受眾，舉例受眾人數過少。
過期	• 受眾已過期。該受眾將於到期日後一個月自動刪除。

 已建立的受眾，在建立後的有效期間為 180 天。

建立群發訊息並選擇受眾

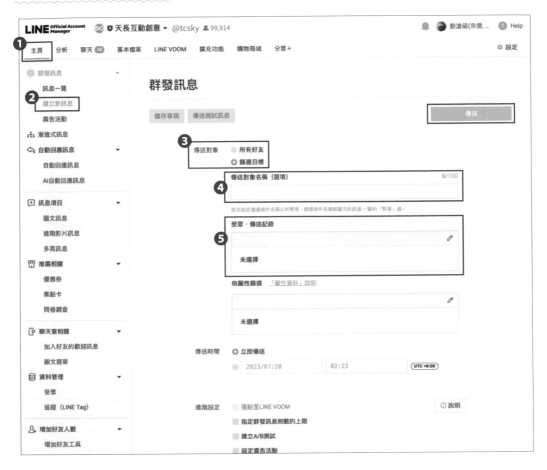

❶ 點擊「主頁」→「群發訊息」。

❷ 點擊群發訊息下方文字「建立新訊息」。

❸ 在「傳送對象」部分,選擇「篩選目標」。

❹ 輸入「傳送對象名稱」(選填)

❺ 在「受眾・傳送記錄」部分,選擇右上角的「鉛筆」圖案後,會跳出下列視窗:

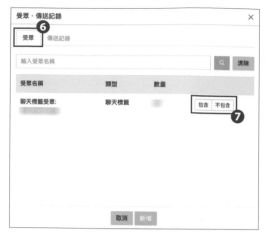

❻ 在視窗中可以看到有兩種選項「受眾」和「傳送紀錄」。「受眾」視窗可以看到所有設定過且狀態為「可用」的「受眾名稱」；「傳送紀錄」則會顯示過去 14 天內傳送過並被設定「篩選目標」的訊息。

❼ 針對「受眾」和「傳送紀錄」，都可以分別選擇「包含」或「不包含」。「包含」則是群發會發送的受眾，「不包含」則是不想發送的受眾。

❽ 可一次選擇多個受眾，選擇完畢後，點選「新增」。

❾ 點選「新增」後，回到「群發訊息」設定頁面，可看到如右畫面。

到此則已經完成分眾設定，接下來只要按照原先群發訊息設定訊息內容 (可參見 4.1.3)，最後選擇「立即傳送」或是「預約傳送」，即可將訊息按照設定好的分眾篩選條件，發送給客戶，達到有效節省行銷預算，降低封鎖、提升業績之效！

4.2.3 在「聊天」中設定標籤

在前面章節談到設定「受眾」時，如果要針對「聊天標籤受眾」做設定，則必須要先設定好「標籤」選項，才能在「受眾」設定時，選擇「聊天標籤受眾」。接下來我們就來看看怎麼開始設定「標籤」，並且為好友一一加上「標籤」！

💻 動手試試看：**打開電腦管理後台 → 聊天 → 聊天設定 → 標籤**

❶ 首先在電腦管理後台畫面，點擊上方「聊天」。

❷ 點擊左方的「聊天設定」。

❸ 點擊「標籤」：進入標籤設定頁面。

❹ 點擊「建立」：即可新增標籤（每個標籤最多 20 個字）。

❺ 若過往已經有建立的標籤，在此可以重新「修改」名稱，或者「刪除」標籤。

點選「建立」按鈕後，會跳出下列畫面：

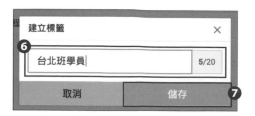

❻ 在文字輸入框輸入「標籤文字」，您可建立各種標籤名稱（如「預約客」、「1月來店客」等），
將用戶區分為不同客群以便管理。

❼ 點擊「儲存」儲存標籤文字。

以上就完成標籤的設定，接著我們可以到「聊天」畫面中，為使用者加上「標籤」
設定。

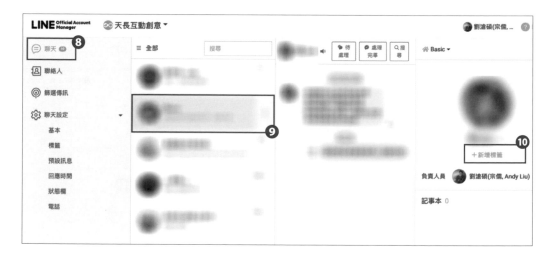

❽ 在聊天視窗中，點擊左側「聊天」。

❾ 點擊欲標籤的對象。

❿ 點擊「新增標籤」。

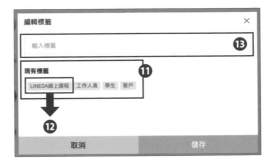

⑪ 在「現有標籤」，可以看到在前面 6~7 步驟時，預先「建立」好的標籤！

⑫ 「點選」想要加在該使用者上的標籤，可以多選，但每個使用者最多只能標記 10 個標籤。

⑬ 如果原先在設定標籤時，沒有設定到想要的標籤，也可以直接在「文字框」，輸入標籤，這樣系統就會直接新增一個標籤，下次再做選擇時，就會直接看到新增的標籤！當然如果想要修改，一樣可以按照上述第 5 個步驟說明，去修改或刪除標籤！

 在文字框輸入標籤文字後，請記得要按「Enter」，當文字呈現灰底白字時，才算是新增設定完成，如果未按「Enter」，即便按了「儲存」，設定是不會生效的喔！如下圖示例：

⑭ 選擇完標籤後，點選「儲存」，即可為使用者標記標籤。

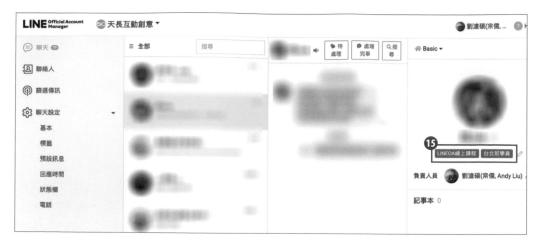

⓯ 儲存完成後，在大頭貼下方就可以看到你所設定的標籤。

- 公用標籤：每個帳號最多可以建立 200 個標籤，作為幫使用者設定標籤時選擇。
- 個人標籤：每個使用者，最多可以標註 10 個標籤。（從公用標籤中挑選）

📱 動手試試看：**打開手機 App → 聊天 → 右上角「齒輪」設定**

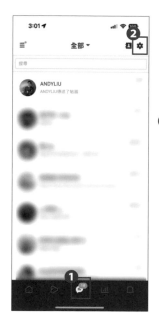

❶ 打開手機 APP，點選「聊天」頁面。

❷ 在右上角處，選擇「齒輪」圖示，進入設定。

❸ 點擊「標籤」。

④ 若過往已經有建立的標籤，在此可以重新「修改」名稱，或者「刪除」標籤。

⑤ 此處的數字，代表該「標籤」中，包含多少用戶數量。

⑥ 點選右上角的「+」，即可新增標籤。

⑦ 在文字框內輸入想要新增標籤的名稱。（單一標籤，最多 20 字！）

⑧ 點選「儲存」後，即可儲存標籤。

除了進入到「聊天設定」中設定「標籤」的方法之外，還有另一個更直覺的方法，
說明如下：

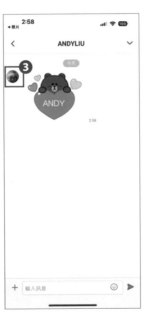

❶ 打開手機 APP，點選「聊天」頁面。

❷ 在聊天列表中，選擇想要加上標籤的使用者。

❸ 進入使用者 1 對 1 聊天畫面，直接點選訊息旁邊的「頭像」，則可以看到如下圖：該使用者的基本檔案。

④ 點選「標籤」選項。

⑤ 如果先前已經有設定過「標籤」,則可以在「現有標籤」的部分,看到過往曾經設定過的標籤,直接「點選」上面的標籤,就可以幫使用者設定好標籤。

⑥ 也可以在文字框的地方,直接輸入想要「新增」的標籤名稱。

⑦ 輸入完標籤名稱後,記得按「Enter」或「換行」,當「標籤」呈現如右圖,灰色底反白文字時,「儲存」按鈕才會顯示為「綠色」,代表設定無誤,可以儲存。

⑧ 點選「儲存」按鈕後,即可完成標籤設定。

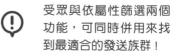

受眾與依屬性篩選兩個功能,可同時併用來找到最適合的發送族群!

以上我們就完成了使用者標籤的設定,未來就可以在「受眾」當中,直接設定「聊天標籤受眾」。當我們有特定的行銷活動時,就更能夠針對特定使用者,給予更客製化的訊息,提升消費者興趣,創造更好的訊息開封率、點擊率,進而達到較高的轉換率,帶動業績成長!

4.3 漸進式訊息： 讓訊息的溫度流進客戶心中！

4.3.1 漸進式訊息基礎介紹

「漸進式訊息」是可根據加入好友的天數及設定的條件等，自動傳送多個群發訊息的功能。待用戶「加入好友」後，可按指定時間依序傳送預先建立好的訊息。例如，可設定為「加入好友 3 天後向用戶傳送優惠券；30 天後宣傳商品最新資訊」等。此外也可以根據好友加入管道、加入好友的天數、用戶屬性及受眾來設定發送訊息。

漸進式訊息可分成單一條件訊息和多條件訊息（追加分歧條件）：

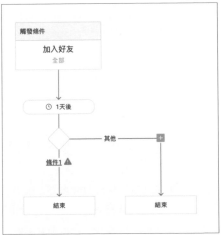

如果追加步驟選擇「傳送訊息」，可以選擇幾天後發送訊息及發送什麼訊息。

如果追加步驟選擇「追加分歧條件」，則可以設定多個條件訊息（每一個分歧條件可設定 10 個步驟，每一個情境最多可設定 50 個步驟）。

4.3.2 漸進式訊息 - 傳送訊息設定步驟

① 點擊「主頁」。

② 選擇「漸進式訊息」。

③ 點擊右側「建立新訊息」。

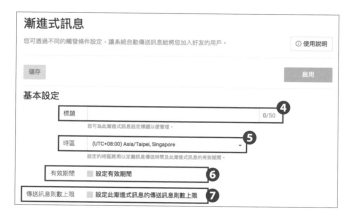

④ 標題：填寫便於記憶與管理的「標題」名稱。

⑤ 時區：選擇「時區」。

⑥ 有效時間：如果這個方案有時間限制，可以設定開始時間和結束時間，有效期間結束後，在結束前加入的好友仍會依據觸發條件持續收到訊息；結束時間後才加入的好友則不會收到任何訊息。

⑦ 傳送訊息則數上限：如果您有訊息則數限制，將此項目打勾並填寫你的則數，系統會根據剩餘則數，自動選擇好友隨機發送，如此訊息發送便不會超過你設定的訊息則數上限。

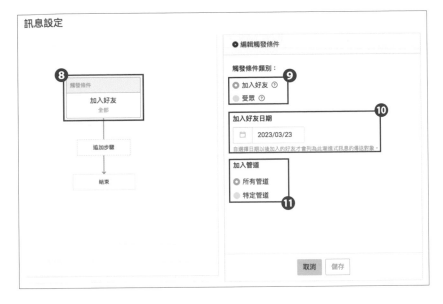

❽ 點選「觸發條件」後將會顯示右方會顯示選項。

❾ 可選擇「加入好友」和「受眾」。

❿ 加入好友日期：選擇加入好友後，填寫加入好友日期。

⓫ 加入管道：有分「所有管道」與「特定管道」，選擇「所有管道」的意思就是不管從哪一個管道來的好友全部選取。

⓬ 「特定管道」：屬於 LINE 官方帳號中功能的管道，可以複選可選擇「搜尋」、「主頁」、「加入好友圖示」、「官方帳號一覽」、「聊天室中的按鍵」、「LINE Login」、「加入好友網址／行動條碼／按鍵」、「聯絡資訊分享」、「LINE 通話」。

⓭ 如果找不到你要到管道，可以在點擊一下「其他管道」：此管道是屬於非 LINE 官方帳號自身功能的管道，包含「LINE 貼圖」、「LINE POINTS」、「LINE Sales Promotion」、「LINE LIVE」、「LINE VOOM」、「LINE Pay」、「加好友廣告」。

⓮ 按下「儲存」完成設定。

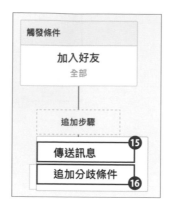

⓯ 「追加步驟」：點擊「追加步驟」。

⓰ 選擇「傳送訊息」和「追加分歧條件」，首先我們先介紹「傳送訊息」單一條件訊息。

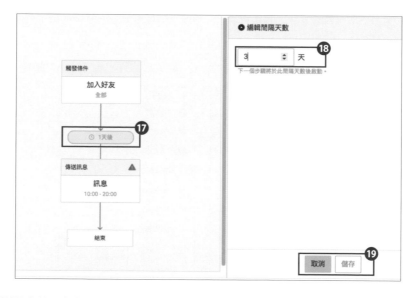

⓱ 選擇傳送訊息後，會先看到你想在幾天後發送訊息的設定，如果你想要在好友加入的三天後發送訊息，點擊一天後的框框。

⓲ 在右邊會出現編輯天數，輸入 3 或是按下上下按鈕選擇。

⓳ 按下「儲存」完成幾天後發送的設定。

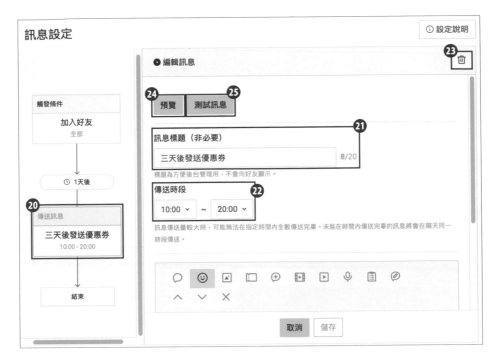

㉑ 點擊「訊息」。

㉑ 輸入「訊息標題」，方便記憶與管理即可。

㉒ 選擇你要的傳送時段。

㉓ 如果您想要換條件，則可以按下刪除按鈕。

㉔ 「預覽」：設定完後，可以按下「預覽」瀏覽設定的狀況。

㉕ 「測試訊息」：點擊測試訊息可以發送訊息到 LINE，先檢視發送後的狀況。

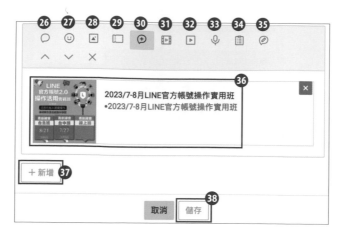

㉖ 文字按鈕。

㉗ 貼圖按鈕。

㉘ 照片按鈕。

㉙ 優惠券按鈕。

㉚ 圖文訊息按鈕。

㉛ 進階影片訊息按鈕。

㉜ 影片訊息按鈕。

㉝ 語音訊息按鈕。

㉞ 問卷調查按鈕。

㉟ 多頁訊息按鈕。

㊱ 由於我們要在三天後優惠券給好友，所以選擇「優惠券」。

㊲ 「新增」：如果需要提供其他訊息，可以按下「新增」來增加訊息。

㊳ 完成後按下「儲存」。

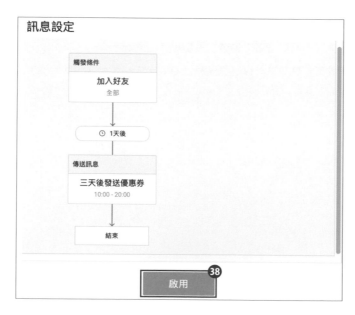

㊴ 點擊「啟用」完成設定。

4.3.3 漸進式訊息 - 追加分歧條件設定步驟

追加分歧條件：以設定 35 歲以下的好友在三天後傳送優惠券為例，設定步驟如下：

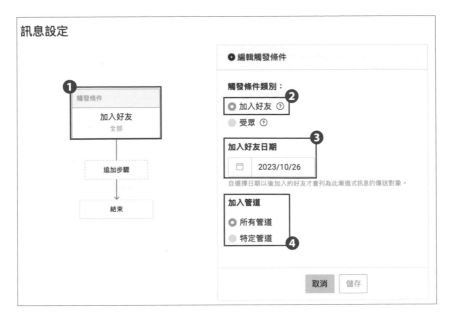

❶ 點選「觸發條件」後將會顯示「加入好友」及「受眾」。

❷ 加入好友：選擇加入好友後會出現「加入好友」的時間及「加入管道」。

❸ 填寫加入好友日期。

❹ 加入管道：選擇「所有管道」的意思就是不管從哪一個管道來的好友全部選取。

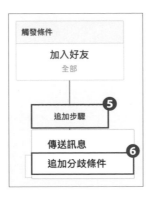

❺ 點選「追加步驟」。

❻ 點選「追加分歧條件」。

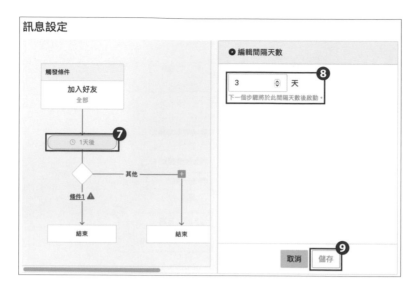

⓻ 點選「1 天後」的按鈕。

⓼ 選擇你要的天數。

⓽ 點擊「儲存」。

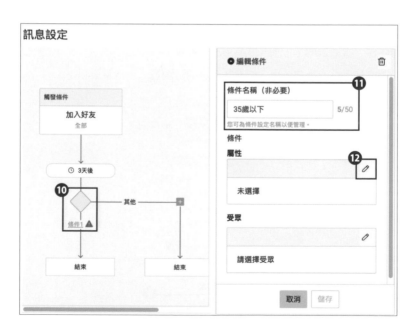

⓾ 點選「條件」。

⑪ 輸入條件名稱。

⑫ 點選屬性上面的筆，進入屬性篩選。

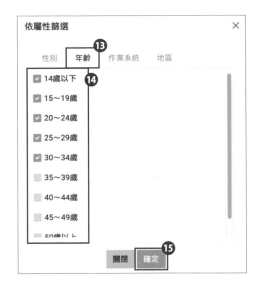

⓭ 屬性篩選中可選擇：「性別」、「年齡」、「作業系統」、「地區」，由於要設定 35 歲以下來發送優惠券，所以這邊選擇年齡，可以複選。

⓮ 點選 35 歲以下的年齡。

⓯ 點擊「確認」完成設定。

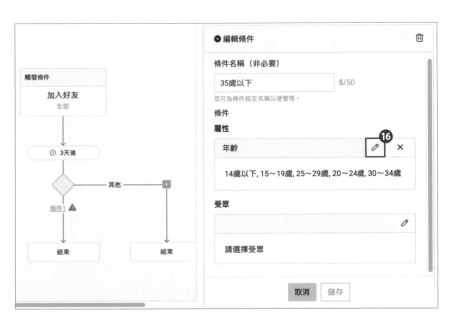

⓰ 「受眾」：如果需要選則受眾，點擊受眾的筆圖。

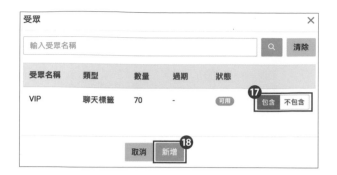

⑰ 如果有在一對一標籤中設定標籤，則可以選標籤中的「包含」或是「不包含」。

⑱ 點選後按下「新增」完成設定。

⑲ 「儲存」：按下儲存，完成設定。

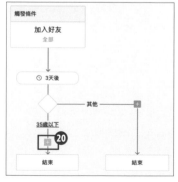

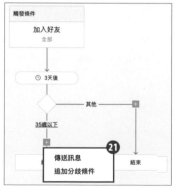

⑳ 滑鼠滑到線的中間，會看到「＋」。

㉑ 選擇「＋」後，會出現「傳送訊息」和「追加分歧條件」的選項。

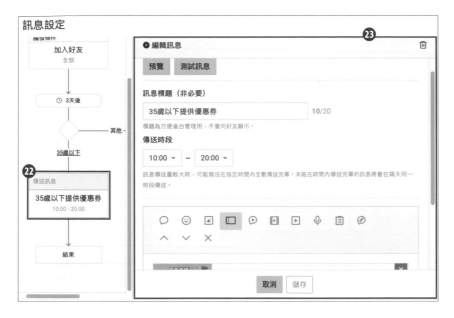

㉒ 點擊「訊息」。

㉓ 設定訊息內容後按下「儲存」完成設定。

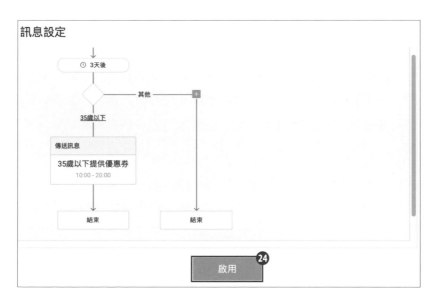

㉔ 點擊「啟用」完成設定。

4.3.4 漸進式訊息 - 常見問題

Q1	當符合你設定情境的使用者封鎖你的 LINE 官方帳號時…
A1	所有的情境均不會再套用至此使用者身上。若此使用者解封鎖了官方帳號，該使用者帳號將會被系統視為新加入的使用者。
Q2	若在訊息有效期間內，已達到可傳送訊息量的上限值。
A2	所有的情境將會被停用。請改變您的月費方案或購買加購訊息，然後需要再次重新手動啟動每個情境。
Q3	正在運行的情境中，其中某一個步驟被刪除。
A3	使用者將會返回被刪除步驟的前一個步驟。
Q4	正在運行的情境中，當觸發條件或分歧條件的「受眾」狀態變成準備中、錯誤、或過期。
A4	系統將發送通知至官方帳號管理後台，以及在漸進式訊息列表的狀態下顯示，同時該漸進式訊息情境將無法運行。

最後請記得，在現今訊息、廣告爆炸，並且不斷的推陳出新的時代，「漸進式訊息」是一個強大的策略與工具，但是關鍵不在於工具如何使用與操作，最重要的還是要回到人與人互動的核心價值：「溫度」！讓我們在與消費者的對話中，以更親近、更精確的方式呈現我們的訊息。利用這個策略，我們可以透過分階段、有節奏地透露我們的產品或服務資訊，讓消費者能以他們自己的步調理解和吸收，而不會感到壓力或困惑。

採用漸進式訊息的行銷方式，我們讓消費者在舒適的環境中探索，引導他們一步步深入我們的品牌故事、產品的價值，並且在這個過程中建立更深厚的連結。這種策略讓消費者在他們準備好的時候，自然地接觸到我們的核心賣點，從而達到更好的行銷效果。這才是「漸進式訊息」真正的強大力量，它讓我們的行銷訊息更具吸引力，更易於理解，並且更能引發消費者的興趣，讓我們在消費者心中留下深刻的印象，並且建立起真正的關係。

4.4 一對一聊天：
拉近店家與顧客親近度的最佳利器！

一對一聊天功能，就像我們平常使用 LINE 跟好友聊天一樣，顧客可直接私底下傳訊息給你，你也可以直接回覆顧客訊息，而且所有對話不會被其他人看見，具有絕佳的隱私性，因此舉凡預約、活動諮詢、客服問題等，皆可透過一對一聊天功能完成喔。

4.4.1 即時、快速回覆提升成交率

一對一聊天有一個最大的好處，就是能夠即時、快速的回覆客人問題，客人遇到問題時，一定會期待問題快速地解決或是找到答案，透過一對一聊天正好可以達到這個目的！

以互動電腦[5]為例：現在都是使用 LINE 官方帳號來當作電腦維修輔助工具，以前客人電腦出問題時，大部分都會透過遠端連線軟體，連線幫客戶解決問題，但是有時候客人電腦連網路都出問題就無法使用，而且還需要先學會安裝遠端軟體等等，不僅麻煩，很多客人還會擔心隱私性的問題，現在透過 LINE 官方帳號，客人只要用手機拍照，回傳訊息，就可以直接跟客人互動解決問題。

5　互動電腦有限公司 LINE 官方帳號 ID: @kenkuotw

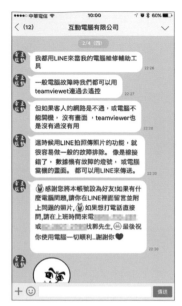
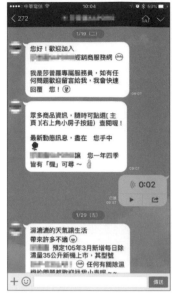

不僅一般餐飲業、服務業等 B2C 行業類別可以運用 LINE 官方帳號,也有越來越多的 B2B 業者開始透過 LINE 官方帳號經營客戶關係,甚至用 LINE 官方帳號跟經銷商做互動,以往許多經銷商叫貨或是設備需要維修時,用電話講半天,還是不能確定型號或是設備出錯的問題點,現在都可以直接透過拍照,運用一對一聊天,直接解決問題。

店家善用一對一功能,快速、即時的回覆訊息時,客人一定會感受到店家的誠意和服務態度,這是與客人建立信任關係的重要基礎,我通常都建議店家一開始最好都採用一對一聊天的方式跟客人做互動,最快、最有效拉近與客人之間的關係與距離!

💬 快速、即時回覆,是建立信任關係的重要基礎!

4.4.2 定時定量，按時服用最佳化

許多店家都會擔心，如果客人很多問題一直問，我回覆不過來怎麼辦呢？首先，我會問店家一個問題：「這樣的情況已經發生了嗎？」之前看到一個歌手，參加歌唱比賽，評審講評是希望他能夠展現出大氣、明星的架勢，歌手回答，他擔心這樣會被人家覺得耍大牌、驕傲，評審神回覆了一句話：「你根本連到都還沒有到，不用擔心過的問題！」

同樣地，很多店家一開始就會假設，如果有很多人詢問問題或是問一大堆問題，怎麼辦？我沒有時間、沒有人力回答，會不會反而造成反效果呢？答案是：「會的！」那這樣是不是就不要用一對一聊天呢？答案是：「不對！」這樣不是很矛盾嗎？不會的，因為假設性的問題還沒有產生啊！

第一、初期導入 LINE 官方帳號，好友人數不多，就算真的全部都問題，一開始我相信店家還是有能力和時間處理的，所以不要在一開始就先被自己假設性的問題嚇倒。

第二、漸漸地好友人數較多之後，你可以開始衡量、觀察，實際上問問題的人數是不是很多，如果還是你可以負荷的情況下，就還不用太擔心。

第三、如果好友人數越來越多，每天詢問的人數越來越高，怎麼辦呢？以我們實際輔導經驗，就算擁有四、五千好友的店家，通常一天問問題的比例大約落在 1 ～ 2%，其中很多是連 1% 都沒有，所以假設以 1% 來看，一天大約在四、五十人左右！

如果有人力的話，我會建議用「排班制」的方式，來做管理與回應，但是若真的人力不足，只有老闆自己一個人在經營管理時，可以用「定時定量」的方式，當作解決方案。所謂「定時定量」，就是在固定時間才做回覆，例如，平常我自己沒有在外演講、講課時，若是收到一對一聊天訊息，情況允許的話會立即回覆，如果正在忙，就會固定在下午一點或者晚上八點左右，視我自己許可的時間，固定在一個時間，一次處理訊息和回覆。店家如果真的平常店裡的事情忙不過來，可以視自己許可的時間，安排一段固定的時間，讓客人知道你會固定在某個時間點回覆問題。這樣一來，也可以養成客人的習慣，又可以做好互動，不至於讓客人傳訊息後，感覺沒有人回應。

不過，我還是要分享一個觀念：許多店家都認為網路工具會額外會花費許多時間，沒有時間管理和經營，但是這跟經營一家店是一樣的道理，今天有客人用 LINE 詢問問題或是想要預約時，你會覺得沒有時間、人力回覆和接單，但是，如果客人是打電話來問問題或是預約時，難道你也會回覆客人沒有時間，現在店裡正在忙嗎？

天下本來就沒有不勞而獲的事情，要想怎樣收穫，就要先怎麼栽！想要生意好、訂單多，就要多多嘗試、多花時間經營，而不是只是一直在想哪邊很困難、哪邊不可行，先做就對囉！一邊做、一邊發現問題、一邊修正問題，沒有做，永遠不會碰到「真正」的問題。

我常常跟一些店家聊天，問到訂單很多，是不是要花很多時間回覆客人問題，答案都是：「對啊！真的要花很多時間，但是很值得！」是的，網路社群經營和店家經營，其實都是一樣的道理，「時間」原本就是要花費的「成本」，但是這樣的花費用在使用 LINE 官方帳號一對一聊天和客人建立關係上，絕對是值得的！

💬 花費時間經營，原本就是值得的一件事！

4.4.3 人性化回應，不制式官腔

客人遇到問題時，第一時間都會感到焦慮，甚至生氣，其實只要運用人性化的回應，就能化解一大半的問題，就像小孩子肚子餓哭鬧時，你一直要他不要哭是沒有用的，真正的問題在於他肚子餓了，其實只要先安撫小孩，然後趕快讓他吃點東西，問題就解決囉！

通常客人遇到問題時，第一時間要處理的是「情緒」問題，而不是直接先針對問題做解決，當然這並不是告訴你要呼攏客人，只是在安撫情緒，而不處理問題！很多時候，情緒都是在第一瞬間接觸時，就能決定後續變得很棘手、還是變得簡單。因此，在第一時間，客人提出問題時，請記得要有「人性」，站在對方的角度和立場思考，這是店家經營的基本功喔！

有一次海鮮王[6]舉辦免費試吃活動，一開始我發現到連結網址有錯誤，回覆意見後，收到的不是：「感謝您回覆的意見與訊息，我們會盡快為您處理！」而是「嘿嘿！謝謝提醒」、「祝你中獎」，這樣的回覆就不會讓人覺得制式官腔，而是真的把你當成是好友，在跟好友對話一樣！

另外，以 Queen House[7]為例，當我訂購的甜點收到後，店家算好甜點應該已經寄送到時，就傳訊息問我：「是否已經收到？」，還貼心地說明記得要冷凍保存、回溫5～10分鐘口感最佳，最重要的一句是：「回去立馬趕快嗑一顆唷！」這句話就凸顯老闆、店家的個性、風格，這個也是我們在先前一直強調的，要讓客人感覺到真的有「一個人」在跟他對話。

不要把你的客人當作「客人」看待，而是真正的當成「朋友」在看待與關心。這是店家經營成功的不二法則！當你將客人當成「好友」時，自然在對話的口吻和互動上就會不一樣，而不會只是制式官腔喔！

把客人當作是好友一般對待與關心，口吻自然就不同！

6　海鮮王 LINE 官方帳號 ID: @seafoodking
7　Queen House 法式手工甜點 LINE 官方帳號 ID: @queenhouse88

4.4.4 如何開啟一對一聊天功能

LINE 官方帳號預設是將「一對一聊天」功能關閉，因此我們要先到「設定」當中，將「回應模式」改為「聊天」，不然在預設情況下，當有好友傳訊息時，系統會自動回覆下列訊息：

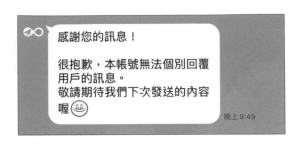

動手試試看：打開電腦管理後台 → 設定 → 回應設定

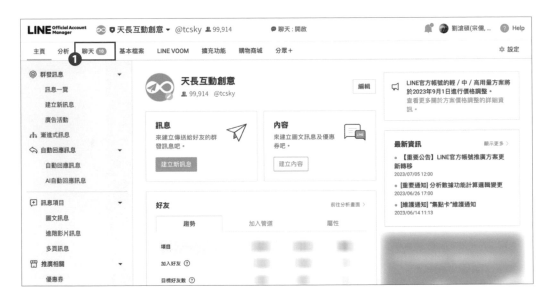

❶ 首先在電腦管理後台畫面，點擊上方「聊天」。

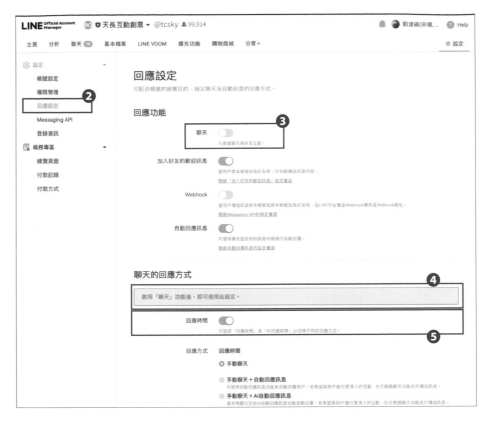

❷ 進到「設定」畫面後，請點選左側「回應設定」。

❸ 找到「回應功能」，將其中的「聊天」功能打開（按鈕呈現綠色為開啟）。打開後，即可透過聊天與好友互動。

聊天 ⚪ 可透過聊天與好友互動。	代表聊天功能關閉	聊天 ⚫ 可透過聊天與好友互動。	代表聊天功能開啟

❹ 如果出現橘色區塊的提醒訊息：「啟用「聊天」功能後，即可使用此設定。」那麼在「聊天的回應方式」中的任何設定皆會無效。如果「聊天」功能正確打開，則不會看到此區塊提醒訊息。

❺ 回應時間：可設定「回應時間」及「非回應時間」以切換不同的回應方式。當「聊天」功能開啟時，預設情況為全時段週一到週日，全天候 24 小時，消費者都可以使用「聊天」功能跟店家聯繫。

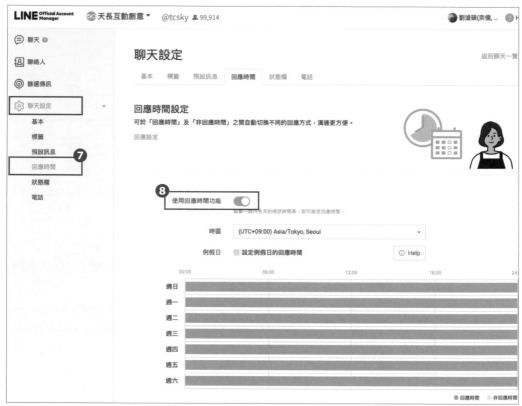

❻ 如果要設定「回應時間」的時段,請點擊上方「聊天」選項。

❼ 進入後,請選擇左側「回應時間」選項。

❽ 使用回應時間功能:若將「使用回應時間功能」開啟,則可以設定回應時間。

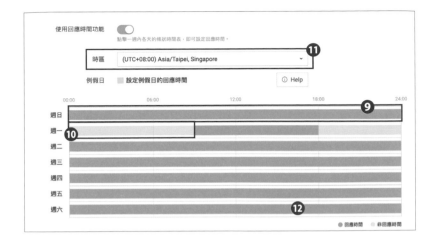

❾ 綠色區段：回應時間。

❿ 灰色區段：非回應時間。

 「回應時間」和「非回應時間」的「對應方式」，可至「設定」→「回應設定」→「聊天的回應方式」中設定，如下圖：

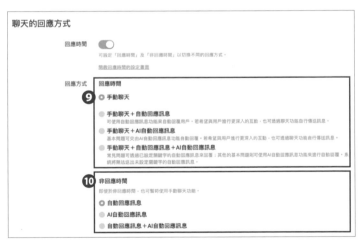

⓫ 時區：可更改時區，若以台灣為主可更改為臺北時區 (UTC+08:00) Asia/Taipei, Singapore，或選擇想要的國家時區。

⓬ 點選綠色區域：若你無法 24 小時都開放一對一聊天與客人作互動，在此可以根據你的營業時間或者方便回應消費者的區段，設定一對一聊天可回應時間！綠色區域為可一對一聊天時段，灰色區域則會自動切換至「自動回應」模式！

📱 動手試試看：**打開手機 App → 聊天圖示 → 設定（右上角「齒輪」圖示）**

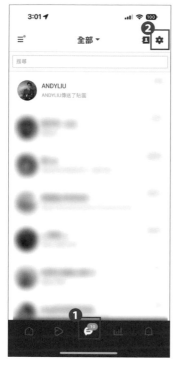

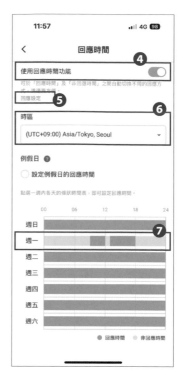

❶ 若你要開啟一對一聊天功能，請先打開 LINE 官方帳號手機 App，點選「聊天」選單。

❷ 點選右上角齒輪「聊天設定」。

❸ 點選「回應時間」。

❹ 開啟「使用回應時間功能」，若關閉「使用回應時間功能」，將不會啟動自動回應功能。

❺ 回應設定：可進一步設定「回應時間」和「非回應時間」，對應的回應方式與功能。

❻ 時區：設定時區，可更改時區，若以台灣為主可更改為臺北時區 (UTC+08:00) Asia/Taipei, Singapore，或選擇想要的國家時區。

❼ 點選綠色區域：若你無法 24 小時都開放一對一聊天與客人作互動，在此可以根據你的營業時間或者方便回應消費者的區段，設定一對一聊天可回應時間！綠色區域為可一對一聊天時段，灰色區域則會自動切換至「自動回應訊息」模式！

4.4.5 一對一聊天功能操作教學

當你開啟一對一聊天功能後，只要有客人傳送訊息給你，就可以在 LINE 官方帳號手機 App 中閱讀以及回覆！接著，我們來看一下電腦管理後台部分，如何操作一對一聊天功能：

🖥 動手試試看：**打開電腦管理後台 → 聊天**

❶ 登入電腦版管理後台，進入欲管理之帳號後，點選上方的「聊天」。

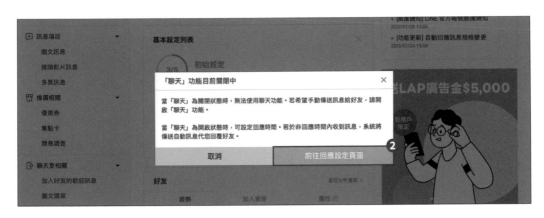

❷ 第一次使用時，會跳出正在使用聊天機器人模式的告示框，按下「前往設定回應模式」按鈕。

「聊天」功能目前關閉中

當「聊天」為關閉狀態時，無法使用聊天功能。若希望手動傳送訊息給好友，請開啟「聊天」功能。當「聊天」為開啟狀態時，可設定回應時間。若於非回應時間內收到訊息，系統將傳送自動訊息代您回覆好友。

❸ 點選「聊天訊息」之後，就可以開始收到好友傳來的訊息喔！

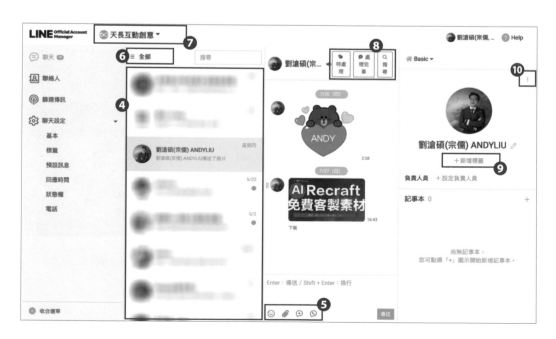

❹ 好友列表：此處可以看到好友傳來的訊息列表，如果有未讀訊息，會出現「綠色點點」代表有幾則未讀訊息。

❺ 訊息格式：除了可以直接輸入文字訊息外，還可以點選右下方「笑臉」圖示，可使用貼圖；點選「迴紋針」圖示，可傳送照片；「+」圖示，可以選擇預先設定好的「預設訊息」、「多頁訊息」和「優惠券」；「電話」圖示：可以與好友透過 LINE Call 語音方式通話。

☺	🔗	⊕	📞
貼圖訊息	附件檔案訊息	預設訊息、多頁訊息和優惠券訊息	LINE Call 語音通話

❻ 管理帳號的聊天列表，選擇後，僅會顯示相對應的聊天視窗。

全部	顯示所有非垃圾訊息的聊天室
訊息盒	顯示「處理完畢」及「垃圾訊息」以外的聊天訊息
未讀	顯示「未讀」聊天訊息
待處理	顯示「待處理」聊天訊息
處理完畢	顯示「處理完畢」聊天訊息
已負責	顯示「已經」指派「負責人員」的聊天訊息
垃圾訊息	顯示「垃圾訊息」聊天訊息

- 💬 全部　10
- ✉ 訊息盒　10
- ✉ 未讀　10
- 💬 待處理　1
- 💬 處理完畢
- 👤 已負責
- ⊘ 垃圾訊息

❼ 切換帳號：右上角，點選下拉選單，會列出所有你管理的帳號，可以切換帳號。提醒您，需切換至該帳號才能接收、看到該帳號的好友訊息。

❽ 處理完畢及待處理：可將案件處理狀態分成兩種，案件處理完成後，可按下「處理完畢」，此聊天將會被歸類為處理完畢的列表，若點選「待處理」，將被歸類為待處理之列表。

❾ 新增標籤：點選「筆」的圖示，可以設定好友標籤，一人最多可設定 10 個標籤。

❿ 聊天管理：可選擇設定為「設為黑名單」、「下載聊天記錄」、「刪除」。「設為黑名單」：會將聊天訊息移動至「垃圾訊息」，當此好友再傳訊時，就不會再有新訊息通知；「下載聊天記錄」：可用 CSV 格式下載好友的聊天紀錄；「刪除」：點選後，將會刪除該好友的聊天記錄。

- 聊天文字記錄保留 4 個月，圖片與影音等內容訊息保留 2 週。

- 客人如果加入店家 LINE 官方帳號，必須先主動傳訊息給店家後，店家才能看到對方與回傳訊息！如果客人沒有先傳訊息，就無法進行一對一聊天。

- 即便客人沒有先傳訊給店家，無法使用一對一聊天，但是因為客人已經有加入 LINE 官方帳號，店家發送「群發訊息」，客人還是可以收到喔！

接著，我們來看看在手機 App 上，如何閱讀以及回覆客人訊息！

店家若要回覆、閱讀客人傳送的訊息，一定要打開 LINE 官方帳號 App 或電腦後台來回覆和閱讀喔，有些店家有時會忘記，打開 LINE 找半天找不到！

動手試試看：**打開手機 App → 聊天 → 選點任一個好友**

❶ 先打開 LINE 官方帳號手機 App，點選「聊天」頁籤選單。

❷ 選擇聊天後，就會出現上圖右的畫面，你可以看到客人傳給你的訊息，點選任何一個訊息就可以進入到聊天畫面（下圖 ❹）。

❸ 每個客人的訊息後面的「綠色點點」，代表有新的未讀訊息。

❹「聊天畫面」：就跟平常使用 LINE 跟好友對話一樣，只要點選訊息框的部分，就可以開始輸入訊息，並且傳送給客人。

❺「訊息格式」：手機 App 中，一對一聊天功能支援文字、貼圖、照片、影片、檔案、預設訊息、多頁訊息與優惠券等格式。

 官方帳號的一對一聊天跟個人 LINE 一樣支援各種檔案格式的傳送。

4.4.6 一對一聊天 - 預設訊息設定

在一對一聊天時，店家常常會遇到好友問問題，很多時候還會常常出現重複、類似的問題，例如營業時間、商品價格等等，過去只能透過自己建立文件檔案，透過複製、貼上的方式，回答好友問題，如此一來，每次都要重複一次找到問題答案、複製、貼上的動作，非常麻煩！現在 LINE 官方帳號提供了「預設訊息」功能，可以方便店家先將常見問題設定在「預設訊息」中，當好友詢問相關問題時，店家就只要點選對應的「預設訊息」回覆即可，達到節省時間、提高效率的效果。

接著我們來看要怎麼設定「預設訊息」與相關步驟：

🖥 動手試試看：進入「聊天」→ 點選左上角齒輪「聊天設定」→ 預設訊息

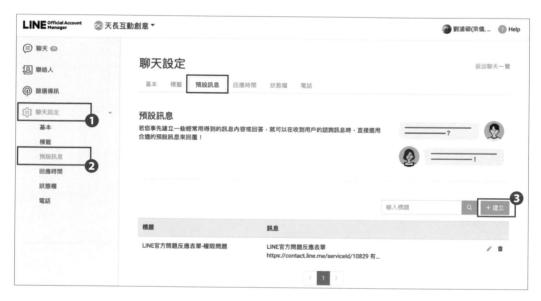

❶ 點選一對一聊天畫面左上角齒輪符號的「聊天設定」。

❷ 進入「聊天設定」後，點選左邊的「預設訊息」頁籤。

❸ 點選「＋建立」設置新的預設訊息。

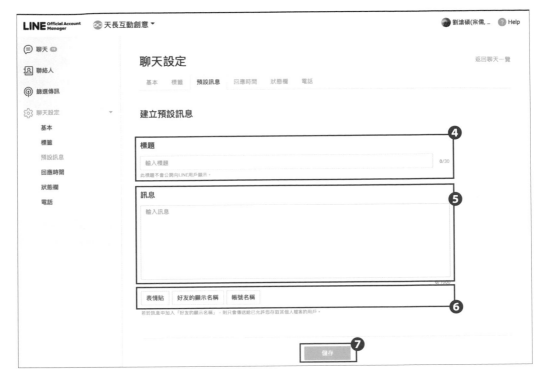

④ 填寫訊息標題，此為管理用標題，不會傳送給客人，命名以方便管理與記憶為主即可。

⑤ 編寫訊息內容，只能為 1,000 字以內的文字檔。

⑥ 可在預設訊息中加入「表情貼」、「好友的顯示名稱」與「帳號名稱」，可以增加客製化、親切感。

⑦ 點選「儲存」即可完成訊息儲存與設定。

當我們把預設訊息都設置好了之後，就能在一對一聊天對話處點選「預設訊息」，叫出之前設好訊息內容發送給客人。

行銷經營活用術

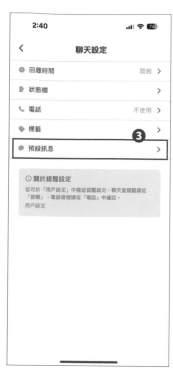

❶ 先打開 LINE 官方帳號手機 App，點選「聊天」頁籤選單。

❷ 進入聊天畫面後，點選右上角「齒輪」符號，進入到聊天設定。

❸ 點選「預設訊息」。

❹ 點選 + 符號，建立新的預設訊息。

❺ 填寫訊息標題，此為管理用標題，不會傳送給客人。

❻ 編寫訊息內容，只能為 1,000 字以內的文字檔。

❼ 可加入好友 LINE 的顯示名稱，以增加親切感。

❽ 點選「儲存」即可。

當我們把預設訊息都設置好了之後，就能在一對一聊天對話處點選「預設訊息」，叫出之前設好訊息內容發送給客人。

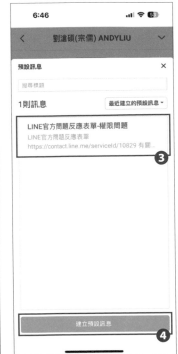

❶ 在聊天視窗中，點選左下角的「+」，便可以開啟選擇發送訊息格式畫面。

❷ 選擇「預設訊息」選項。

❸ 在此會看到已經設定好的「預設訊息」列表，選擇要發送給好友的「預設訊息」。

❹ 點選「建立預設訊息」，便可以將訊息傳送給好友。

4.4.7 一對一聊天 - LINE 通話功能設定啟用

LINE 官方帳號現在推出全新能免費與帳號中好友通電話的「LINE 通話」功能！可以讓店家藉由使用「LINE 通話」功能，以電話傳達緊急事項，或是透過電話補充在聊天室沒有傳達清楚的內容，能更加順利進行與用戶之間的溝通。

> ① LINE Call 同時支援語音 / 視訊兩種形式！

LINE Call 兩大優勢

❶ 點餐、訂位不漏接：服務業、餐飲業通常為了方便訂位、聯繫，都會有提供市話，但往往在尖峰時刻、用餐時間，客人一多，電話就會造成佔線的問題，無法接收到其他顧客的訂位、點餐需求，很多時候客源就因而流到其他店家去了，LINE 官方帳號能在電話忙線時，以一對一聊天方式請顧客留下訂位相關資訊，以便商家事後做回覆。

❷ 諮詢服務、顧問，一手解決大小問題：LINE 通話具有免費的視訊功能，當顧客遇到商品不會使用等較難以文字說清楚的狀況時，一通 1 分鐘的視訊電話就能輕鬆解決原本可能要花 10 分鐘來回的問題！能以視訊電話看到店家，也更能給顧客有專人服務、更親切的感覺。（店家可自行決定是否開啟視訊）

 動手試試看：打開電腦管理後台 → 主頁 → 群發訊息 → 傳送對象 (篩選目標)

❶ 首先在電腦管理後台畫面，點擊上方「聊天」。

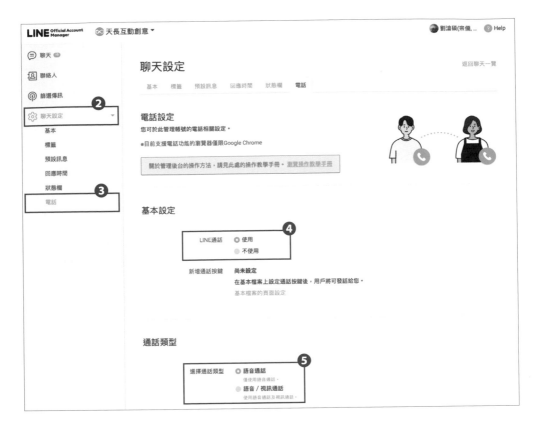

❷ 點擊左方的「聊天設定」。

❸ 點擊「電話」：進入電話設定頁面。

❹ 將「LINE 通話」設定為「使用」。

❺ 啟用後，店家可以視需求，在「通話類型」選項處，選擇使用「通話」或「語音 / 視訊」通話。

 即使將視訊通話設為「啟用」，仍可在通話時選擇是否開啟視訊功能，改為單純使用語音通話。

啟用 LINE 通話後，在設定畫面最下方，店家可以找到 LINE 通話的網址和行動條碼，可以將其提供給好友或放在網站 / 粉絲專頁，或是 LINE 官方帳號的「圖文選單」當中，好友就能夠輕鬆透過連結網址或掃描行動條碼和店家通話、取得聯繫！

宣傳LINE通話

將網址、行動條碼分享於網站及社群平台上，或將行動條碼展示於店頭，讓顧客能更簡便地使用「LINE通話」與您的帳號聯繫！

網址	https://lin.ee/tyrLeLy	複製

行動條碼　[QR Code]　⬇ 下載

另外在 LINE 通話設定中還有兩個非常重要的設定選項：

選項設定

限制通話邀請的時效　⦿ 使用
　　　　　　　　　　⦾ 不使用
可將通話邀請的有效時間限制為30分鐘，若要控管與用戶通話的時間，請使用此設定。　**6**

未接來電的訊息　⦿ 使用
　　　　　　　　⦾ 不使用
內容　很抱歉，我們目前無法接聽來電。請稍後再重撥一次，或請改傳訊息聯絡我們。※官方帳號無法直接發話給您，敬請見諒。
　　　編輯　　　**7**

6 限制通話邀請的時效：可將「通話邀請」的有效時間限制為 30 分鐘。

當開啟「限制通話邀請的時效」設定時：

- 設有有效期限的「通話邀請」會在 30 分鐘後自動失效，用戶將無法透過通話邀請撥話給店家。（若需要通話，店家需要重新發出邀請。）
- 設定後，透過 LINE 通話的網址及行動條碼來宣傳 LINE 通話的功能將無法使用。（網址和行動條碼選項也會自動隱藏，無法使用。）

7 未接來電的訊息：開啟未接來電的訊息設定時，系統將在 LINE 官方帳號無法接聽來電時自動回傳訊息給好友。

- 店家特別要注意的一點是，LINE 通話對店家而言，比較像是單向「接電話」！
- 需要由好友先撥打電話給店家，店家才能「接聽」，不能夠「主動」撥打電話給好友，避免店家過度使用，打擾到用戶。不過店家可以透過「呼叫」（通話邀請）的功能，來提醒好友「先主動撥打」電話給店家。

所以如果是店家希望聯繫好友時，需要先透過一對一聊天中的「通話邀請」功能，聯繫好友，操作步驟如下：

① 在一對一聊天畫面中，點選要聊天的好友後，點選「電話」按鈕後，會出現左圖畫面：

② 跳出「傳送通話邀請」訊息確認

- 收到您傳送的通話邀請後，用戶可輕觸訊息上的按鍵來發話給您。
- 確定要傳送通話邀請嗎？
- 點選「傳送」按鈕，送出訊息。

③ 此刻好友就會在 LINE App 中收到「通話邀請」的訊息，當對方點選「通話」，就可以展開與店家通話。

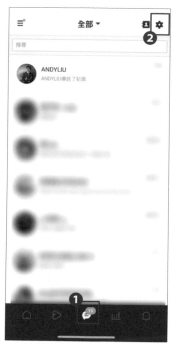

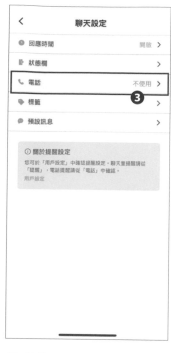

❶ 若你要開啟 LINE 通話功能，請先打開 LINE 官方帳號手機 App，點選「聊天」選單。

❷ 點選右上角齒輪「聊天設定」。

❸ 點選「電話」。

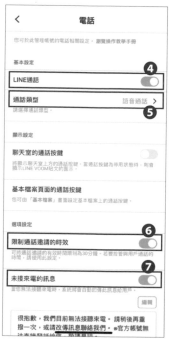

❹ 將「LINE 通話」設定為「使用」。

❺ 啟用後，店家可以視需求，在「通話類型」選項處，選擇使用「語音」或「視訊」通話。

❻ 限制通話邀請的時效：可將「通話邀請」的有效時間限制為 30 分鐘。設有有效期限的通話邀請會在 30 分鐘後自動失效，用戶將無法透過通話邀請撥話。

❼ 未接來電的訊息：開啟未接來電的訊息設定時，系統將在 LINE 官方帳號無法接聽來電時自動回傳訊息給好友。

❽ 宣傳 LINE 通話：店家可以提供 LINE 通話網址或行動條碼給好友，好友就能直接與店家聯繫！

當「限制通話邀請的時效」設為「使用」時，LINE 通話的網址及行動條碼辨會失效無法使用。

所以如果是店家希望聯繫好友時，需要先透過一對一聊天中的「通話邀請」功能，聯繫好友，操作步驟如下：

❶ 在聊天視窗中，點選左下角的「+」，便可以開啟選擇發送訊息格式畫面。

❷ 選擇「通話邀請」選項，並且傳送邀請。

❸ 此刻好友就會在 LINE App 中收到「通話邀請」的訊息，當對方點選「通話」，就可以展開與店家通話。

4.4.8 用心回覆，擄獲客人心的關鍵技巧 - 記事本應用

認真、用心經營的店家，都會具備一種「超能力」。例如，我家附近的早餐店，每次只要看到我到店裡時，就會問說：「早餐一樣嗎？豬排漢堡和奶茶嗎？」如果說，因為我每天都固定吃一樣的早餐，所以店家能夠「預測」，那就不夠厲害，厲害的是他還會根據我最近的喜好，自動幫我「調整」，例如他知道我都會固定吃哪幾樣，而且通常都會固定連續一、兩天都吃一樣的，過幾天就會換口味，他發現我已經連續吃了四天的漢堡之後，第五天去的時候，就會問我：「今天要換巧克力土司的口味嗎？還是一樣呢？」這樣一來，就會讓人感覺受重視、被注意到與關心，我通常都直接外帶，有幾次還故意在店裡用餐，觀察老闆對其他的客人是否都一樣會記住客人的特性，我發現，老闆還真的非常厲害，只要是舊客或是有接觸過，都能夠記得！

我相信有許多店家老闆都有這樣的「超能力」。同樣地，我們在經營 LINE 官方帳號時，也要培養自己具備這樣的超能力。用數位工具有一個好處，如果我們忘記之前跟這位客人的互動情況、或是忘記在哪邊認識的，至少我們可以回頭查一下之前的對話訊息，就能夠幫助我們與客人互動。除此之外，在 LINE 官方帳號的 1 對 1 聊天介面中，還有「變更好友名稱」和「設置標籤」（參考 4.2.3 章節）及「筆記本」的功能，可以用來幫助我們記錄跟客戶的互動以及重要記事。

動手試試看：**打開電腦管理後台 → 聊天 → 點選任一個好友 → 修改暱稱**

❶ 進入網頁管理後台後，點選上方「聊天」選項，系統會開啟一對一聊天新頁面，即可點選好友對話框與其互動。

❷ 變更好友名稱：請點選好友大頭貼，下方暱稱旁邊的「鉛筆」圖示，即出現修改名稱畫面，店家就可以依據跟客人互動的情況，編輯名稱，方便自己未來比較容易記憶，若是有不同的管理員，也會方便了解客人狀況。

- 好友暱稱字數上限為 20 個字。
- 修改後的暱稱，只有店家 (管理員) 會看到，消費者自己本身不會看到修改後的暱稱。
- 有些客人點選大頭貼後，沒有看到「鉛筆」圖示，代表他是使用 LINE 官方帳號加入你的好友，不是用個人 LINE 帳號，這樣就無法修改名稱！

📱 動手試試看：**打開手機 App → 聊天 → 選擇任一好友 → 點選「大頭貼」**

❶ 先打開 LINE 官方帳號手機 App，點選「聊天」頁籤選單。

❷ 進入聊天畫面後，點選任一好友，進入聊天畫面。

❸ 在聊天畫面中，點選好友「大頭貼」。

❹ 在基本檔案中，點選好友暱稱右邊的「鉛筆」圖示，即可修改好友暱稱。

🖥 動手試試看：**打開電腦管理後台 → 聊天 → 點選任一個好友 → 填寫筆記本**

在一對一聊天裡還有一個讓你方便記錄和好友之間互動的工具——記事本，它的位置在與好友的聊天室右下角的地方，操作方式為：

❶ 進入網頁管理後台後，點選上方「聊天」選項，系統會開啟一對一聊天新頁面，即可點選好友對話框與其互動。

❷ 新增筆記本紀錄：點選「＋」符號，就能叫出就能新增一筆記事本，如下圖：

在記事本上，可以記錄關於這個好友的資訊或備註，然後將這則記事本儲存即可。

記事本是一個很方便的工具，一個記事本最多可寫 300 個字元，而且可設置多個記事本，還可以隨時修改或刪除不再需要的記事本，方便我們記錄購買紀錄，待辦事項，或其他較為詳細的事宜。

📱 動手試試看：**打開手機 App** → **聊天** → **選點任一個好友** → **填寫筆記本**

❶ 在基本檔案中，點選「記事本」圖示。

❷ 進入記事本後，在右上方點選「+」按鈕，即可新增記事本。

❸ 新增記事本畫面。

❹ 完成內容輸入後，點選「儲存」按鈕，即可完成記事本新增。

4.5 自動回應訊息：提供便捷服務，創造店家價值！

什麼是自動回應訊息呢？相信大家都有打過「客服電話」的經驗，打到客服電話後，就會聽到：「需要國語服務請按 1；需要台語服務請按 2；需要英語服務請按 3；轉接客服人員請按 9！」當我們輸入對應的數字後，就會跳接到對應的服務。自動回應訊息功能，就是類似這樣的功能，我們可以先設定好對應的「關鍵字」，當客人輸入之後，就會跳出預先設定好的回應訊息。

以下就幾個案例跟店家分享自動回應訊息功能，可以怎麼運用以及有哪些需要注意的地方。

4.5.1 洞悉客人需求，增進客人對於店家依賴度

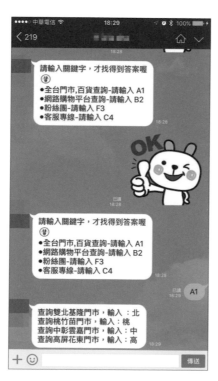
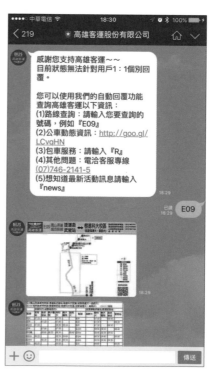

我們先來看看左邊的例子，關鍵字設定中，客人「只」可以查詢：門市資訊、網路購物平台、粉絲團、客服專線等資訊，這些查詢的資訊、角度，都是以店家為導向，但是客人加入你的 LINE 官方帳號之後，門市資訊、網購平台、粉絲團會是客人最在意的嗎？

多數客人之所以想要加入 LINE 官方帳號，不外乎是因為有誘因（優惠、折扣），或是本身就是舊客、品牌愛好者，如果以第一種客人而言，可能比較想要知道的是「有什麼好處、優惠資訊？」。所以，店家在設計自動回應訊息時，可以增加一個「專屬 LINE 好友優惠查詢」或是「當月優惠查詢」的選項，這樣的選項對於消費者才比較有誘因，想要查詢，同時因為有「當月優惠查詢」，相對的客人願意留下來，而不封鎖的機率也會增加！

第二種舊客，可能會想要知道的是「新品資訊」或是「新品優惠」，亦或是「VIP 會員獨享優惠」，這些店家都可以考量加到「自動回應訊息」的查詢服務當中，以高雄客運[8]來說：許多搭車的乘客，最常遇到就是查詢路線問題。因此，他們在設定自動回覆時，便將「公車路線圖」查詢功能放到「自動回應訊息」當中，同樣地，以南台影城[9]和威秀影城[10]為例，就提供電影場次、最新電影查詢功能，以客人的需求為中心，自然就會提升客人對於店家 LINE 官方帳號的依賴度。

8　高雄客運股份有限公司 LINE 官方帳號 ID: @kbus.taiwan
9　南台影城 LINE 官方帳號 ID: @xat.0000147625.ec8
10　台北京站威秀影城 LINE 官方帳號 ID: @vstpe

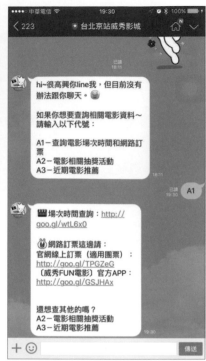

再舉幾個例子：以服飾業而言，許多客人會問衣服適不適合乾洗、要怎樣保養與整理之類的問題，所以店家可以設計「服飾乾洗資訊查詢」、「服飾保養教學」的查詢功能；3C 產品類，客人可能常會需要「價格查詢」、「問題排除」、「維修資訊」等，店家也可以設計相對應的「自動回應訊息」。

如何洞悉客人需求點，結合店家本身特性，來創造、提供客人更便捷的服務，而不是只是提供「查詢」功能，是店家需要多多花費時間與心力來設計與規劃的地方，這樣才能真正的留住客人喔！

💬 以客人需求角度出發，才能貼近客人的心！

4.5.2 創意趣味,吸引客人注意,增進互動!

在日本,因應《玩命關頭》電影上映,廠商在 LINE 官方帳號中,透過「關鍵字自動回應訊息」功能,做了一個創意活動,只要加入 LINE 官方帳號好友後,輸入「任務開始」,接著就會開始出現一系列的問題和任務!

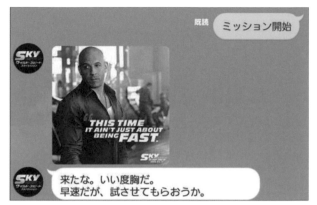

圖片來源:日本 LINE 官方帳號官方網站 http://blog.lineat.jp/

在這個例子當中,店家可以利用「關鍵字自動回應訊息」,設計一系列的「闖關遊戲」,搭配優惠券、抽獎券的方式,只要答對、闖關到最後的人就有機會抽獎獲得禮物,這不失為一種與客人之間增進互動的好方式。尤其經營 LINE 官方帳號一段時間後,產品訊息也發到客人覺得有點膩了,分享文章也沒有靈感時,這時搭配節慶設計一下闖關遊戲,蠻不錯的喔!

4.5.3 自動回應訊息操作教學

本章節將帶你操作如何設定自動回應訊息,你可以透過設定「關鍵字」和「預設回應內容」,讓帳號有自動回應好友訊息的效果。在自動回應中,可搭配關鍵字使用,將常見問題設定為「關鍵字」,當好友輸入不同關鍵字就會自動跳出不同的「訊息內容」,讓「關鍵字」化身為客服機器人,提供更即時的客戶服務。

🖥️ **動手試試看**:打開電腦管理後台 → 主頁 → 自動回應訊息 → 自動回應訊息

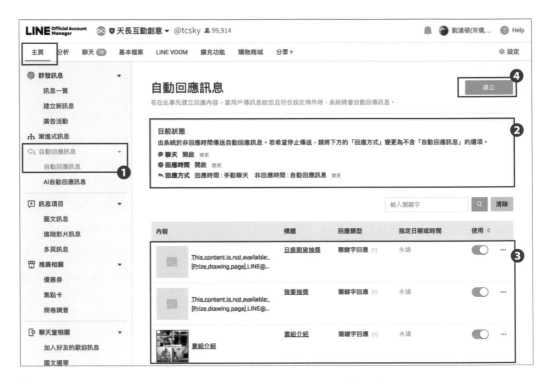

❶ 登入電腦版管理後台,點選「主頁」後,點選左側「自動回應訊息」。

❷ 目前狀態:可以看到目前帳號有關於「聊天」、「回應時間」、「回應方式」等設定狀態,能夠快速掌握目前帳號的聊天、自動回應等設定情況。

❸ 可以看到所有已經預設好的「自動回應」訊息,可以選擇此則訊息是「開啟」或「關閉」。

❹ 按下「建立」即可新增自動回應訊息內容!

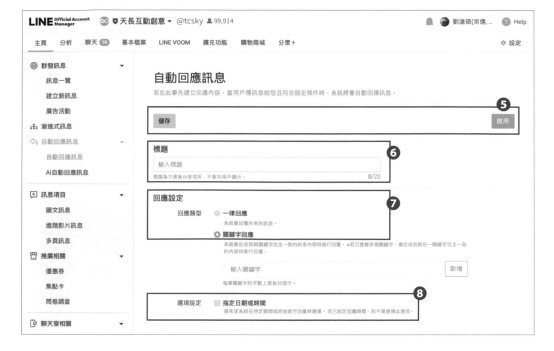

❺ 儲存／啟用：當你設定為自動回應訊息後，如果只有點選「儲存」，那就代表只是將設定「儲存」下來，並沒有「啟用」；如果你希望設定完成後，就馬上能夠使用自動回應訊息，請點選右上方「啟用」按鈕。

❻ 標題：輸入標題，此標題好友們看不見，為經營者管理用標題。

❼ 回應類型：自動回應訊息分為 2 種類型，未設定關鍵字的訊息為「一律回應」，系統會自動以此自動回應訊息內容，回覆所有從好友端收到的訊息；有設定關鍵字的訊息為「關鍵字回應」訊息，系統會在收到與關鍵字完全一致的訊息內容時進行回覆。

 若已登錄多個關鍵字，會在收到與任一關鍵字完全一致的內容時進行回覆。

關鍵字自動回應訊息，相信大家比較容易理解！就是在我們設定「營業時間」、「time」、「open」等關鍵字後，當好友在 LINE 官方帳號中輸入設定的關鍵字，就會跳出你預先設定好的「營業時間」的「自動回應訊息」內容。例如下圖範例：當好友輸入「time」，因為「time」是在我們原先設定的多組關鍵字中的其中一個，並且文字是完全符合，因此系統就會自動跳出「營業時間」的訊息。

那什麼是「一律回應」呢？前面我們講到的例子是好友輸入的「關鍵字」完全符合我們設定的「關鍵字」，但是如果有人輸入時，不小心輸入錯別字或是少掉一個字呢？例如輸入「營業時間」或「tie」，那這樣會有什麼情況發生呢？又或者好友不照著「關鍵字」輸入會怎樣呢？如果客人只是傳送一個貼圖給店家，又會怎樣呢？

因此有上述情況時，「一律回應」的設定就會發生效用，當好友輸入的訊息並非是預先設定好的關鍵字時，就會跳出設定為「一律回應」的訊息。相關應用與詳細說明可參考 4.5.4 節。

❽ 指定日期或時間：如果要在指定的時間觸發關鍵字，可輸入指定時間，時區選擇可調整為台北時區或是其他國家時區。此功能通常是因為此則回應有特殊時段需求才開啟設定，例如聖誕節前兩週，有特殊活動需提醒或想加聖誕問候，故可設定此則回應時間，但若為常設回應則不須指定時間。

❾ 設定本則訊息的關鍵字，可設多則，只要好友在自動回應模式的狀態下，在店家 LINE 官方帳號中鍵入相對應的關鍵字，就會出現這一則訊息！

❿ 設定要「自動回應」的訊息內容。最多可以有五個對話框，可設置的內容為「文字」、「貼圖」、「照片」、「優惠券」、「圖文訊息」、「進階影片訊息」、「影片」、「語音訊息」和「多頁訊息」等，亦可使用「表情符號」及「好友的顯示名稱」等！右邊則有預覽視窗。

⓫ 啟用：設定都確認完成後，請記得點選「啟用」，若不馬上啟用，只要儲存自動回應訊息設定，請點選第 5 步驟左側「儲存」按鈕即可！

以高雄客運為例：我們希望客人輸入「E09」（公車號碼）時，會跳出「公車路線圖」！

關鍵字設定範例

❶ 設定關鍵字：指的就是你想要讓客人輸入的文字。以客運為例，我們可能希望客人輸入公車號碼，那麼客人就要在這裡輸入「E09」，由於自動回應訊息無法做模糊搜尋，所以客人必須輸入一模一樣的關鍵字才能得到回答，而我們操作設定時則可輸入多個關鍵字，不論客人輸入哪個關鍵字都能得到回答。

❷ 回應訊息：當客人輸入關鍵字後，會跳出的回應訊息。回應訊息可以用「文字」、「貼圖」、「照片」、「優惠券」、「圖文訊息」「進階影片訊息」、「影片」和「語音訊息」等格式。以此例，我們可以先選擇「照片」，然後上傳一張對應「E09」的「公車路線圖」照片！

動手試試看：打開手機 App → 主頁 → 自動訊息 → 自動回應訊息

❶ 打開手機 App，進入「主頁」介面。

❷ 找到「自動回應訊息」，點選進入，原本預設標題為「Default」的這則自動回應可刪除或直接修改。

❸ 第一次使用，會跳出功能說明介紹，閱讀後，點選右上角「X」關閉即可。

❹ 可以看到過往設定過的自動回應訊息，預設會有一則「Default」的設定，可以自行編輯或刪除。

❺ 按下「建立」，則可以新增自動回應訊息。

❻ 標題：設定自動回應訊息標題。此標題為方便管理、記憶使用，好友不會看到。

❼ 回應類型：自動回應訊息分為 2 種類型，未設定關鍵字的訊息為「一律回應」，系統會自動以此自動回應訊息內容，回覆所有從好友端收到的訊息；有設定關鍵字的訊息為「關鍵字回應」訊息，系統會在收到與關鍵字完全一致的訊息內容時進行回覆。

❽ 設定關鍵字：輸入想要的「關鍵字」後，請記得要點選「新增」，可以設定多組關鍵字。

❾ 指定日期或時間：如果要在指定的時間觸發關鍵字，可輸入指定時間，時區選擇可調整為台北時區或是其他國家時區。此功能通常是因為此則回應有特殊時段需求才開啟設定，例如聖誕節前兩週，有特殊活動需提醒或想加聖誕問候，故可設定此則回應時間，但若為常設回應則不須指定時間。

❿ 點選「下一步」，進入訊息內容的設定。

⓫ 新增：點選「新增」，可以選則想要設定的訊息格式，如下說明。

⓬ 選擇格式：選擇你要顯示的格式，可使用「文字」、「貼圖」、「照片」、「優惠券」、「圖文訊息」、「進階影片訊息」、「影片」、「語音訊息」、「問卷調查」或「多頁訊息」，並編輯回應訊息。

⓭ 文字訊息編輯區塊，可以新增與編輯多則訊息；若需要多則訊息，請點選「＋新增」按鈕。

⓮ 點選右上角「預覽」，可以看到右圖，模擬好友輸入關鍵字後，自動回覆訊息的回覆情況。

⓯ 啟用：設定都確認完成後，請記得點選「啟用」，若不馬上啟用，只要儲存自動回應訊息設定，
請點選「儲存」按鈕即可。

自動回應訊息也可搭配行銷活動！例如可以讓客人輸入「我要抽獎」，就會跳出抽
獎券，可以創造及活用出比較不同、有趣的「自動回應訊息」。

4.5.4 自動回應訊息 – 一定要做的「一律回應」設定

為何使用「自動回應訊息」時，除了設定「關鍵字」訊息之外，一定要做「一律回應」設定呢？其實答案很簡單，我們先來看看下面 LINE 官方帳號預設的「自動回應訊息」（此則預設回應便是「一律回應」模式）：

天長互動創意

感謝您的訊息！

很抱歉，本帳號無法個別回覆用戶的訊息。

敬請期待我們下次發送的內容喔😊

- 感謝您的訊息！
- 很抱歉，本帳號無法個別回覆用戶的訊息。
- 敬請期待我們下次發送的訊息內容喔！

這樣會發生一個情況，當客人傳送訊息給你時，會一直看到這個「自動回應訊息」，因為客人第一次加入你的 LINE 官方帳號，如果你沒有告訴客人要輸入怎樣的「關鍵字」，客人根本不可能知道到底要輸入什麼「關鍵字」，結果就是看到預設的「自動回應訊息」，一看又看不懂訊息內容在說什麼，如果不幸地，客人又一直傳送貼圖、訊息，就會一直重複地看到預設的「自動回應訊息」，接下來就會因為不知道加入這個 LINE 官方帳號要做什麼，而直接封鎖！

還有另外一件事情，如果店家只打算用「自動回應訊息」功能而完全不使用一對一聊天的話，還有一個地方一定要跟著設定，那就是跟客人的第一次親密接觸：「歡迎訊息」！同樣的道理，第一次客人加入 LINE 官方帳號之後，就會跳出「歡迎訊息」，這時店家應該在「歡迎訊息」中告知客人，我們提供怎樣的「自動回應訊息」服務，請輸入哪些關鍵字，可以分別查詢不同的服務！

因此請記得，當我們有設定自動回應訊息時，要設定一組「一律回應」的訊息，作為當好友輸入「非」設定的關鍵字時，才能給好友一個引導，告知該輸入哪些關鍵字，才不會發生不知所措的情況。

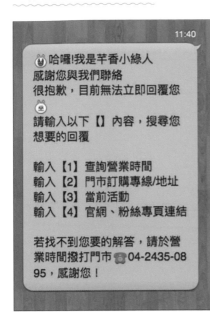

通常此則回應的目的如下：

❶ 告知客人此時服務人員不在線上，所以無法一對一聊天，亦可告知客服上線時間。

❷ 告知客人關鍵字是哪些，並請他們利用關鍵字查詢自己所需的答案。

❸ 若關鍵字沒有他們要的答案，後續該如何得到解答。

- 「一律回應」訊息，同常只要設定「一則」即可！
- 因為當帳號中有多則「一律回應」的自動回應訊息時，系統則會變成「隨機」從所有的「一律回應」訊息中，挑選一則訊息發送給客人，這樣會變成店家無法得知和控制真正發送到客人手機的是哪一則訊息。因此比較建議只設定一則就好！
- 不做一對一聊天的帳號可在「歡迎訊息」、「自動回應訊息」中，告知客人可以輸入哪些「關鍵字」，作查詢服務喔！

4.5.5 AI 自動回應訊息 – 更為聰明的智慧聊天

在本章節您將可以了解 LINE 官方帳號更為聰明的智慧聊天——AI 自動回應訊息功能，此功能特色是當好友輸入訊息到 LINE 官方帳號時，將會透過 AI 自動回應訊息功能，此判斷是從好友們輸入的關鍵字或是會進行簡單的判斷用戶的語意，選擇合適的訊息回覆問題。

例如：當好友輸入「請問你們公司在哪裡？」雖然沒有輸入關鍵字「地址」兩字，但透過「AI 自動回應訊息功能」，可以判斷好友是在問地址，並自動回覆：「我們店

家的地址是 OOO」。基本問題交由「AI 自動回應訊息」功能自動回覆，較複雜的問題則可個別手動一對一回覆，可以達到有效減輕 LINE 官方帳號經營者的人力負擔。

首先如果要使用「AI 自動回應訊息」，請記得至下列位置，開啟 AI 自動回應訊息功能設定。

💻 動手試試看：**打開電腦管理後台 → 設定（主畫面右邊）→ 回應設定**

📱 動手試試看：**打開手機 App → 主頁 → AI 自動回應訊息**

請至「回應設定」畫面將「回應方式」變更為「包含」「AI 自動回應訊息」的選項。

在此最多店家會遇到的問題就是那到底要用「自動回應訊息」還是「AI 自動回應訊息」？或者是兩者都用呢？差別在哪裡呢？

簡單的說「自動回應訊息」是「精準比對」，而「AI 自動回應訊息」是「模糊比對」！所謂「精準比對」，顧名思義，就是要「精準」，就像「自動回應訊息」中的「關鍵自動訊息」，好友輸入的關鍵字必須「完全」跟店家設定的「關鍵字」一樣，訊息才會發送出去。而「AI 自動回應訊息」則是不一定需要「完全一樣」，只要是類似的相關詞都可以！這樣看似聰明，但是許多店家也擔心會不會「答非所問」或是有所「誤差」。因此我會建議，基本的常見問題，先以「自動回應訊息」作為主要設定，例如「店家電話」、「店家地址」「營業時間」、「商品介紹」、「服務說明」和「官方網站」、「社群平台」網址這一類的基本資料，可以透過「自動回應訊息」中的「關鍵字自動訊息」先設定好，然後再以「AI 自動回應訊息」作為輔助。

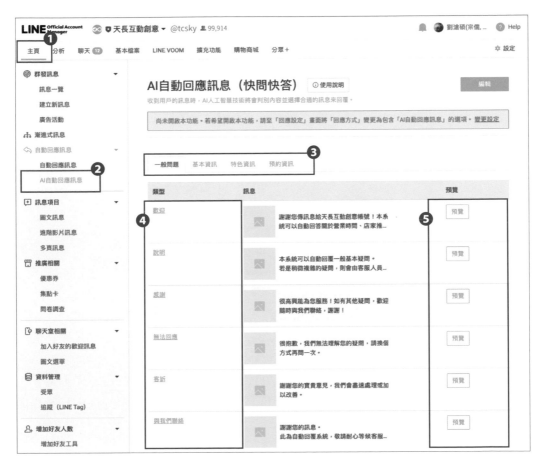

❶ 點擊「主頁」。

❷ 選擇「AI 自動回應訊息」。

❸ 右側可以看到預先建立的範本訊息，分為「一般問題」、「資本資訊」、「特色資訊」和「預約資訊」。

❹ 點選「類型」上的綠色標題，即可進入訊息編輯模式。

❺ 點選「預覽」，則可以看到自動回應訊息的模擬情境。

 基本資訊的問題，會自動抓取「基本檔案」中相對應的資訊作為範本訊息的內容。
若沒有設定基本檔案，範本訊息將無法使用。

除了「一般問題」為預設不能設定關閉之外（但可修改回覆訊息內容，見下圖），「資本資訊」、「特色資訊」和「預約資訊」均可以依照店家實際的需求和服務項目，設定關閉或開啟。

❶ 可針對不同類型的問題設定個別回覆內容。

❷ 點選「新增」按鈕，可以新增對話框，增加訊息，每一個類型的回覆內容至多可設定 3 個對話框。

❸ 內容可選擇多種訊息格式：文字 / 貼圖 / 照片 / 優惠券 / 圖文訊息 / 多頁訊息。

❹ 選擇文字訊息格式：可以選擇新增「好友的顯示名稱」與「帳號名稱」做為預設回覆內容。

❺ 若有多則訊息時，可以調整上下順序或刪除訊息。

📱 動手試試看：**打開手機 App → AI 自動回應訊息**

❶ 先打開 LINE 官方帳號手機 App，點選「主頁」頁籤選單。

❷ 選擇「AI 自動回應訊息」。

❸ 點選「一般問題」，可以展開下拉選單，如下：

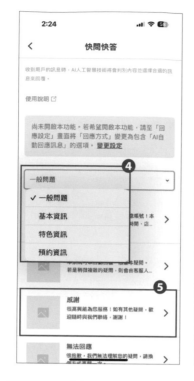

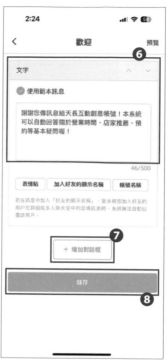

❹ 可切換「一般問題」、「資本資訊」、「特色資訊」和「預約資訊」列表。

❺ 點選「問題標題」處,則可以進一步編輯訊息。

❻ 訊息編輯區域。選擇文字訊息格式:可以選擇新增「好友的顯示名稱」與「帳號名稱」做為預設回覆內容。

❼ 點選「新增」按鈕,可以新增對話框,增加訊息,每一個類型的回覆內容至多可設定 3 個對話框。內容可選擇多種訊息格式:文字 / 貼圖 / 照片 / 優惠券 / 圖文訊息 / 多頁訊息。

❽ 點擊「儲存」,即可儲存訊息變更。

4.6 LINE VOOM：
讓店家資訊廣為傳播的最佳途徑！

LINE VOOM 功能是我很推薦店家一定要使用的 LINE 官方帳號功能，這個功能很常被忽略，LINE VOOM 功能就有點像是 FB 的動態消息，可以讓店家在 LINE VOOM 當中投稿文章、商品資訊、活動消息等各式訊息內容！但是因為 LINE VOOM 不像群發訊息會叮咚通知，平常較少人關注，所以店家自然而然也很容易忽略掉「LINE VOOM」功能。

本節就要跟各位店家分享，如何透過一些技巧和誘因，讓你的客人習慣至 LINE VOOM 瀏覽文章、甚至愛上店家 LINE VOOM，並且願意在店家發佈的文章上按讚、留言、分享，因為當客人在店家發佈文章上按讚、留言、分享同時，也是等於在客人個人 LINE 的 LINE VOOM 分享資訊，有效的運用 LINE VOOM 功能，可以提升店家的曝光度喔！

4.6.1 創造具體誘因，鼓勵客入點選「LINE VOOM」

❶ 訊息提示說明：按「上方小文章」圖示，可查看最新活動及優惠訊息，非常期待您常常回來逛逛喔！

❷ LINE VOOM 按鈕：點選可進入 LINE VOOM。

▶ 創造具體誘因：

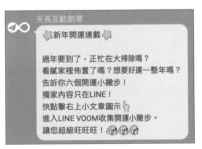

店家可以在「歡迎訊息」或是每次發出「群發訊息」時，都可以附帶說明，有更多好康、優惠都會發佈在「LINE VOOM」（ 目 ）當中，但是，這樣還是不夠的喔！

許多店家要不就是忽略「LINE VOOM」功能，要不就是只是提到：點選「右上角小文章」，可查看最新活動及優惠訊息。只提到更多訊息歡迎點選「右上角小文章」，雖然比忽略、沒有提到「LINE VOOM」功能好得多，但是很可惜的是，如果只是說有最新活動和優惠訊息，會顯得不夠具體，不會讓客人產生想要點選的慾望。

建議店家不僅僅只是告知可以點選「LINE VOOM」，還要告知「點選」之後有什麼好處？以上述例子而言，店家在發佈「結帳時輸入「line99」，便立即享有滿千折百的優惠！」的訊息時，不妨改成：「滿千折百優惠立即贈送給你，請至「右上方小文章」獲取折扣代碼！」，這樣一來，就會提升客人點選 LINE VOOM 的意願！

例如：過年要到了，正忙著大掃除嗎？看膩家裡佈置了嗎？想要好運一整年嗎？告訴你六個開運小撇步！獨家內容只在 LINE ！快點擊右上小文章圖示進入 LINE VOOM 收集開運小撇步。讓您超級旺旺旺！

只要店家持續舉辦這樣活動，就能養成客人點選「LINE VOOM」的習慣，雖然「LINE VOOM」不像群發訊息發出時，手機會跳出訊息通知，但是只要有發佈新文章，目 就會出現紅色圓圈裡寫個 N，代表有新文章，客人習慣後看到此符號，就比較會點選進入閱讀喔！

4.6.2 行動呼籲，讓客人按讚、留言、分享，擴散分享

前面提到，當客人在 LINE VOOM 文章按讚、留言、分享時，店家文章就會被分享到客人個人的動態消息。因此，店家可以多嘗試一些活動與 LINE VOOM 結合，「迫使」客人想要按讚、留言、分享！

舉兩個例子跟大家分享：

❶ 我之前試著辦了一場 LINE 官方帳號 PARTY 活動，限額報名，欲報名者，必須在
LINE VOOM 文章當中按「讚」，並且留言「我愛 LINE 官方帳號」，結果在十幾
分鐘內，就已經超過 40 人留言，而且活動中，並沒有說一定要「分享」才能參
加，卻發現很快的也有數位好友已經「分享」文章訊息。

❷ 甜點店家要推出新品，先在 LINE VOOM 上發佈照片，將兩款甜點照片放上後，
讓客人來決定要出哪一款新品，這樣的活動不僅新鮮，也可以讓客人有參與感，
提升與店家的互動性。

因此，店家如果有一些活動或是限額的商品，都可以透過邀請客人到「LINE
VOOM」，按讚、留言或分享，才能獲得資格的方式，讓客人在無形之中，就幫助
店家將活動訊息轉發出去，這也是為何我很鼓勵店家一定要使用「LINE VOOM」功
能的原因，因為可以透過好友的力量，將商品、活動訊息擴散分享。

4.6.3 洞悉客人喜好，分享有用資訊，增進互動性

另外，店家也可以針對自身屬性與客人的喜愛，分享對於客人會感興趣的資訊。以《康健》雜誌[1] 為例，就常在 LINE VOOM 當中分享許多有關於健康、飲食、醫療方面的資訊；《愛料理》[2] 則是常在 LINE VOOM 當中分享食譜、飲食相關的內容，這些內容都能夠迎合讀者、客人興趣，許多人都會將訊息轉分享出去，店家因而可以透過按讚及分享觸及到好友以外的客群。

店家慢慢地經營「LINE VOOM」，便會發現，在沒有辦促銷、優惠活動、沒有發任何訊息的情況下，LINE 官方帳號好友，竟然每天都會有所增加喔！

1　康健雜誌 LINE 官方帳號 ID: @xat.0000135616.yop
2　愛料理 LINE 官方帳號 ID: @ebk2176r

4.6.4　LINE VOOM 投稿操作教學

介紹過 LINE VOOM 的功效後，接下來跟各位大家分享，究竟 LINE VOOM 要怎樣投稿？還有哪些要注意的事項！

🖥 動手試試看：**打開電腦管理後台 → LINE VOOM → 建立新貼文**

❶ 登入電腦版管理後台，進入欲管理之帳號後，進入上方「主頁」點選「LINE VOOM」。

❷ 建立新貼文：點選「建立新貼文」。

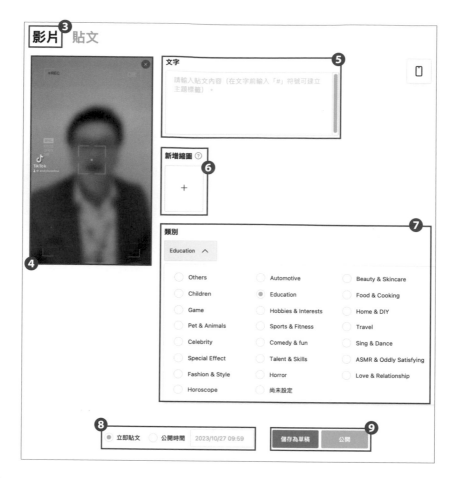

❸ 影片：可選擇「影片」或是「貼文」，首先選擇「影片」。

❹ 影片上傳：可上傳一部影片，建議格式 MP4、M4V、 MOV 、AVI、 WMV，檔案內容 500MB 以下，影片長度 1 分鐘內，比例：直向或 1:1。

❺ 文字：填寫文字。

❻ 新增縮圖：僅能上傳一則縮圖，檔案大小 10MB 以下，檔案格式：JPG、JPEG、PNG，尺寸：750px X 993px。

❼ 選擇你要的「類別」。

❽ 可選擇「立即貼文」或是選擇「公開時間」。

❾ 完成後可選擇「公開」或是「儲存為草稿」。

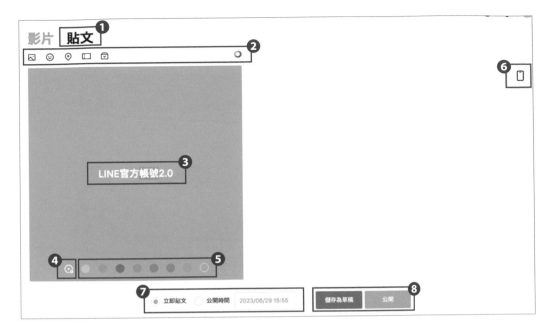

❶ 貼文：選擇貼文。

❷ 選擇要貼文的類型。

圖片 / 影片	貼圖	位置資訊	優惠券	問卷調查	背景顏色
圖片 建議格式： jpg、jpeg、png 檔案尺寸： 10MB	僅能使用 LINE 標準貼圖	可選擇位置 資訊	可選擇已建立 的優惠券	可選擇已建立 的問卷調查	可選擇不同顏 色的背景及動 態文字

❸ 選擇背景顏色後可輸入文字。

❹ 選擇動態文字，點擊一下可變換不同動態文字類型。

❺ 選擇背景顏色。

❻ 預覽設定：點擊後可預覽設定後的樣式。

❼ 選擇「立即貼文」或「公開時間」。

❽ 完成後可選擇「公開」或是「儲存為草稿」。

此外「照片」格式，一次最多可以上傳九張圖片，當你選擇照片格式後，上傳圖片後，會呈現下圖：

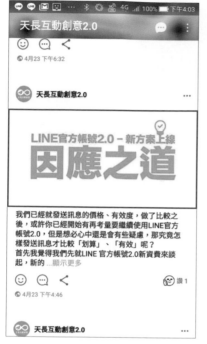 

當你上傳一張照片和多張照片時，在 LINE VOOM 呈現的方式並不相同，只上傳一張照片時，在 LINE VOOM 當中，會呈現如左上圖的格式，單張照片會單獨顯示，視覺效果較佳；若是上傳兩張以上 (多張照片) 時，會呈現如右上圖一般，每張照片會縮小，多張一併展示在 LINE VOOM 畫面上。 不過，這樣的格式有點像「相簿」功能，當你點選照片時，不僅會放大，還可以左右滑動，來切換上、下張照片，因此許多店家會將「多張照片」格式，當作是「型錄」或是「商品展示」。不同的訊息格式在 LINE VOOM 上會有不同的展示效果，店家可以發揮創意，創造具有吸引力的文章，吸引客人注目，增進互動性。

📱 動手試試看：**打開手機 App → LINE VOOM 圖示**

❶ 請點選手機 APP 下方「LINE VOOM」圖示。

❷ 點選右上方的「+」，會出現「影片」、「貼文」兩種格式選項，如右圖。點選格式後，就可以開始建立影片或貼文。

建立影片步驟

❶ 請點選下方「LINE VOOM」圖示。

❷ 建立：請點選右上角「+」，並選擇「影片」圖示。

❸ 輸入文字。

❹ 選擇「+ 新增影片」。

❺ 選擇類別。

❻ 設定發文時間。

❼ 完成後可選擇公開或是儲存草稿。

建立貼文步驟

❸ 訊息格式：：點選後會顯示「照片」、「貼圖」、「位置資訊」、「優惠券」、「問卷調查」、「背景顏色」等六種格式，店家可自由搭配運用。

❹ 編輯文字：在此區塊可以編輯文字。

❺ 選擇貼文時間。

❻ 預覽：點擊「預覽」可以預覽設定樣式。

❼ 完成後可選擇「公開」或是「儲存為草稿」。

4.6.5 **LINE VOOM 修改**

動手試試看：打開電腦管理後台 → **LINE VOOM** → 貼文一覽 → 選擇貼文 → 編輯

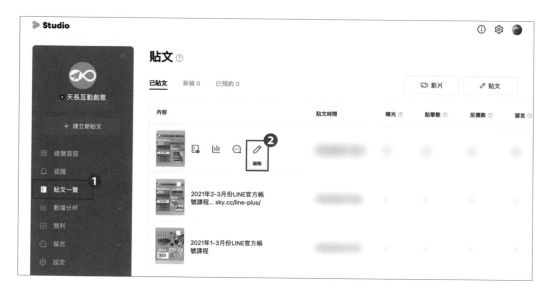

❶ 進入電腦管理後台，在上方點選「LINE VOOM」後，點擊「貼文一覽」。

❷ 點選要編輯的貼文筆的圖示。

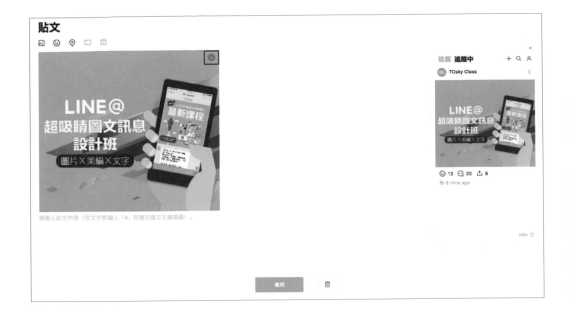

點選要修改的貼文後，會進入上面的畫面，若想刪除此篇貼文則點選上方右側的灰色「刪除」按鈕；若要修改編輯內文或照片，則點選上方右側的綠色「編輯」按鈕進入修改內容。

 若要修改 LINE VOOM 中已發表的「優惠券」或「問卷調查」格式，需在優惠券或問卷調查內容頁面進行修正。

LINE 官方帳號提供強大的優惠券／抽獎券功能，大大地改善、簡化過往店家舉辦行銷活動時會遭遇到的種種問題。以往店家在舉辦活動時，需要提前作業，包含活動規劃、傳單印製等等，無不耗時、費力，而且以傳統在路上發宣傳單、兌換券方式，常常兌換率不到一成，現在透過 LINE 官方帳號優惠券／抽獎券功能，店家透過電腦管理後台設定，即時就可以發送給所有好友，不僅省時又可以省去許多印製傳單、實體優惠券的費用，而且客人也可以感受到即時抽獎的樂趣，創造店家與客人間豐富的互動性，也大大提升優惠券的兌換率，對於中小型店家有非常大的助益。

4.7.1 結合歡迎訊息，立即有感，創造第一時間的感動

店家在經營 LINE 官方帳號一開始，可以透過優惠方式，作為招募好友的利器，在「歡迎訊息」中加入優惠券／抽獎券作為號召，只要一加入好友，就可參加抽獎或是得到優惠券！

店家在設計優惠行銷活動時，盡量要做到讓客人「馬上有感」。例如，左圖溫泉會館的例子，一加入好友「就送」九折券，而不是「滿千送百」，優惠折扣其實都是一樣，如果拿到九折券沒有消費，也不可能有九折；滿千送百其實也是要先消費，但是，客人一加入好友就馬上得到「九折券」的感受，和一加入好友，告訴客人我們現在有活動，只要消費滿千，就可折抵百元，還是有些許不同的：「馬上」得到，和要先「消費」才會得到，小小的差異，客人加入帳號與封鎖意願就會大大的不同喔！

同樣的，右邊拿鐵咖啡的例子也是一樣，當客人消費時，告知馬上加入好友，立即升級大杯，還可享有八折優惠，客人加入 LINE 官方帳號好友的意願，一定會大大提升，因此建議店家，在規劃優惠折扣時，不妨多以客人可「立即得到」、「即刻兌換」、「馬上使用」的概念，作為活動的發想，如此一來，就可以在第一時間與客人接觸時，創造出與客人關係間，心的悸動！

4.7.2 抽獎券 99% 中獎機率的奧秘

店家在設定優惠券和抽獎券時，優惠券是全體贈送的概念，只要一發送出去，所有收到的客人都可以使用，抽獎券則是可以設定中獎機率，以上述的溫泉會館例子，在好友一加入時，就會送上「九折優惠券」，立即讓消費者有感，這是運用優惠券非常不錯的方式。不過，店家還可以再進一步強化「有感」，上述提到，立即贈送九折優惠券比起「滿千送百」好一些，但是，還是會有許多客人會覺得要消費才有，而且因為是「免費贈送」，很多人就會「無感」，不會覺得九折的優惠真的有多棒、一定要趕緊使用，有些客人甚至覺得沒有什麼而忽略，這也是傳統在路上發傳單，效果不彰的原因之一！

因為店家是用「送」的，大部分的人就比較不會重視、珍惜，如果我們可以轉換一個方式，用「抽獎」的，情況就會不同。第一、抽獎多了些趣味性，不是直接獲得，具有期待和挑戰感；第二、因為是「抽中的」，客人就會感覺到自己與眾不同，比較幸運，無形中就強化了我們送出禮物的「價值」！

以拿鐵咖啡的例子，店家原先是只要加入就可以獲得「大杯拿鐵」兌換券，現在可以稍做調整，改為「想試試你的好手氣嗎？相信你就是下一位抽中，免費升級大杯拿鐵的幸運兒，快來抽獎吧！」這時，店家可以將抽獎券的中獎機率設定為 99% 中獎 (LINE 官方帳號的抽獎券最高中獎機率只能設 99%)，其實就跟全體送出優惠券的意思一樣，人人都有獎，但不同的是，消費者會相信是他「幸運抽中」的！

4.7.3 持續的力量，讓客人黏著不放手

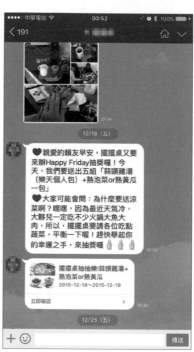

什麼是「持續的力量」呢？我們可以看到左圖案例，店家固定每週都會辦一次抽獎活動，並且預告第一波、第二波、第三波抽動活動的訊息，讓客人得知未來會舉辦的抽獎活動，製造期待感，此外，店家還用了一個小技巧：「群發訊息時，保持相同格式！」你有沒有發現，店家在發送抽獎券訊息時，其中第二則訊息，其實並非是「抽獎券」，而是商品資訊，但是，因為是用相關的群發訊息格式，乍看之下跟其他的抽獎券訊息長得很像，有些客人因為習慣看到類似的訊息，就會點進去抽

獎，因而注意到商品資訊，當然要使用這樣的方式，最重要的前提就是，店家平時就有固定在做發送抽獎券的活動。

而右圖案例中，店家則是舉辦「Happy Friday」活動，每週五都會舉辦抽獎活動，讓客人養成習慣與期待，只要快到星期五，就會期待抽獎！有些店家可能會覺得，哇！每週都要舉辦抽獎活動，這樣行銷成本會不會太高，可能會吃不消耶！其實，重點不在於送出多貴重的禮物與獎品，而是透過「持續、固定」舉辦抽獎活動，來和客人保持互動、建立關係，即便是小東西、小禮物都沒有關係，只要店家每週固定舉辦，就可以達到這樣的效果喔！當然，每個店家可以視自身情況斟酌，改為雙週抽獎或是一個月抽獎一次都可以，但千千萬萬不要「不定期」抽獎，我常常開玩笑說：「不定期抽獎，就跟詐騙集團一樣！」，不定期的抽獎，只會帶給客人不確定感，甚至不知道店家是說真的、說假的，不定期也不知道到底是多久才會抽獎，對於和客人建立關係不會有實質的幫助，真的沒有時間，一個月、兩個月抽獎一次都好，但是就是要明確的讓客人知道一個期限，這樣才能慢慢養成客人習慣，也是店家對於客人的一種承諾和建立信任關係的重要因素。

 持續的力量，將如同滾雪球般，讓店家與客人的關係越滾越大、越滾越緊密！

接著，我們來看看優惠券／抽獎券要如何設定。

4.7.4 優惠券及抽獎操作教學

首先我們可以看一下抽獎和優惠券的差異：抽獎功能頁面會有一個「抽選碰運氣」的按鈕，提供給好友參與抽獎，點選之後就可以抽獎。而優惠券則沒有任何按鈕，當好友收到優惠券訊息，即可使用。

抽獎功能　　　　　　　　　　優惠券

抽獎流程

抽選頁面　　　　　抽獎中　　　　　中獎了　　　　　禮物頁面

 好友抽獎後，沒中獎的好友再次打開抽券會顯示本抽獎券已抽過，無法再抽獎的訊息，中獎者的抽獎券則會直接顯示為可使用的禮物優惠券。

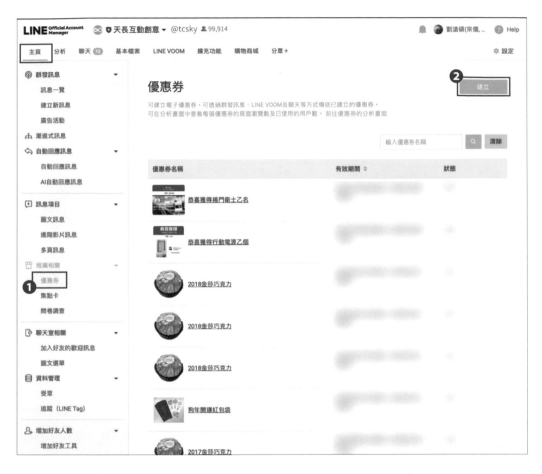

動手試試看：打開電腦管理後台 → 主頁 → 優惠券 → 建立

❶ 登入電腦版管理後台，進入欲管理之帳號後，點選上方「主頁」，選擇「優惠券」。

❷ 點選綠色「建立」按鈕，即可開始建立「優惠券」。

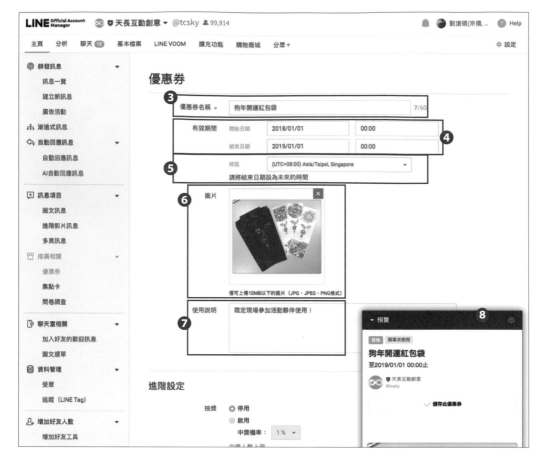

❸ 優惠券名稱：此為必填項目，最多六十個字。店家可以填上「新春優惠活動，買一送一」之類的優惠活動名稱。

❹ 有效期間：設定優惠券的使用效期。

❺ 時區：設定優惠券的使用時區。

❻ 圖片：在此上傳的照片，將成為顯示在優惠券的中間的主圖，店家可以放置贈送禮物的照片或是店家照片等等（可在預覽處觀看優惠券樣式）。最多可上傳 10MB 的圖片，但考慮用戶環境，建議控制在 1MB 以下。詳細內容畫面會根據用戶裝置的解析度，以水平軸為基準自動調整尺寸，因此可根據一般智慧型手機解析度來製作。發送／投稿時的縮圖以短邊為基準，裁剪成正方形並顯示。

❼ 使用說明：店家可以輸入優惠券使用條件，例如僅限本人使用，消費額滿 1,000 元才能使用等等之類。

❽ 預覽：可顯示優惠券設定後模擬畫面。

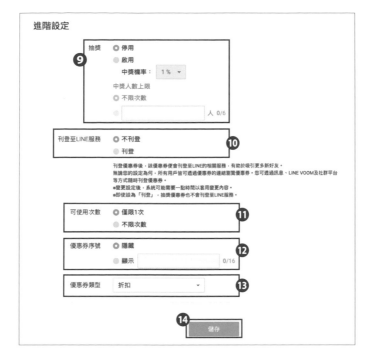

❾ 抽獎：可以將抽獎設成「開啟」，並設定中獎機率，可選擇「不設定人數上限」或填入中獎上限人數。

- 請特別注意！如果抽獎設定為「停用」，是代表「不用抽獎」就可以得到優惠券，也就是「人人有獎」的概念喔！而不是「停用 / 不使用」此優惠券。

- 中獎數上限：可設定「不設定人數上限」或是「人數上限」，人數上限指的就是你希望送出幾份禮物。

- 中獎機率：這個指的是「每個人」抽獎時的中獎機率，而非「整體活動」的中獎率。

這邊特別說明「中獎機率」。中獎機率如果設定為 20%，中獎數上限設定 5 份，那麼究竟多少人抽獎，會將禮物全部抽完呢？很多人都會誤以為是「100」人，因為 100x20% = 5，事實上，「中獎機率」指的是「每個人」在抽獎時的中獎機率，這樣會有一個可能，就是前面抽獎的人運氣很好，可能不到五十個人時，就已經有五個人中獎；也有可能一百人都抽完獎，還沒有將五個禮物全部送出，因為可能大家運氣都比較差，剛好都沒有抽中，就像大樂透一樣，雖然獎金有加碼到一億元，但是不一定每個人買大樂透都會中獎，要看中獎機率而定。

因此店家要特別注意，在設定「抽獎」時，先決定你想要送出幾份獎品，先在「中獎數上限」設定好，接下來要考慮的是，如果好友人數較少，那麼「中獎機率」就要設定高一點，免得沒有人抽中獎品；如果只有 10 個好友，中獎機率設定 1%，這樣就很可能 10 個人抽完全部「槓龜」。此外，如果好友人數很多，中獎機率就可以稍微調低一點，免得一發佈，就讓前面的人全部抽中，造成後面的人完全抽不到的窘況。舉例來說，假設好友人數有 500 人，如果中獎機率設為 99%，要發出一份禮物，就會變成第一個抽獎的人，就一定會抽中，這樣後面參加抽獎的人就都抽不到囉！

❿ 刊登至 LINE 服務：刊登優惠券後，該優惠券便會刊登至 LINE 的相關服務，有助於吸引更多新好友。無論您的設定為何，所有用戶皆可透過優惠券的連結瀏覽優惠券。您可透過訊息、LINE VOOM 及社群平台等方式隨時刊登優惠券。

> 若設定為抽獎優惠券，則無論設定刊登與否，都不會被刊登在 LINE 服務當中！

⓫ 可使用次數：店家可依據活動內容自訂「僅限一次」或「不限次數」。

- 如果店家將優惠券的使用次數設定為「僅限一次」時，在優惠券最下方就會出現「使用優惠券（店員操作用）」，當客人到店裡使用時，店員可以直接點選此核銷按鈕，優惠券就會顯示使用完畢，無法再使用。
- 若選擇「不限次數」則不會出現按鈕，但有效期限過後，一樣會出現無法使用。

⓬ 優惠券序號：可設定「顯示」或「隱藏」，若選擇「顯示」，店家則需要自行須入一組方便辨識的優惠券序號；若選擇「隱藏」，此區塊則不會顯示。

⓭ 優惠券類型：目前提供「其他」、「折扣」、「免費」、「贈品」、「現金回饋」，每種不同類型優惠券會顯示不同對應的顏色，讓主題更為鮮明。

⓮ 點選「儲存」，即可完成設定。

儲存完成，視窗會跳出下列畫面，提供快速分享優惠券的功能與方式。

在「分享優惠券」的畫面中，可以將優惠券以「設為加入好友送優惠券」、「以訊息傳送」、「張貼至 LINE VOOM」、「設為關鍵字回應」或是分享連結網址到社群等方式，將優惠券分享給好友。如果沒有立即要分享或傳送優惠券訊息，可先按右上角的「X」關閉，等以後要使用再到歡迎訊息、群發訊息等功能中，在「訊息格式」中找到「優惠券」即可設定與發送優惠券訊息。

請特別注意：當設定完成優惠券後，只是將優惠券設定「儲存」下來，並不會發送優惠券給好友！若需要發送，則必須到「群發訊息」（以訊息傳送）設定發送！

另外，在優惠券設定部份，也提供了「複製」、「刪除」、「分享」功能，店家能夠直接複製已建立好的優惠券進行修改，不用從頭重新設定，亦可刪除過往設定的優惠券。

動手試試看：打開手機 App → 主頁 → 優惠券

❶ 打開手機 APP，點選「主頁」選項。

❷ 點選「優惠券」。

❸ 進入優惠券頁面，點選「建立」。

❹ 優惠券名稱：此為必填項目，最多 60 個字。店家可以填上「新春優惠活動，買一送一」之類的優惠活動名稱。

❺ 有效期間：設定優惠券的使用效期。

❻ 時區：設定優惠券的使用時區。

❼ 圖片：店家可以放置贈送禮物的照片或是店家照片等等。

❽ 使用說明：店家可以輸入優惠券使用條件，例如僅限本人使用，消費額滿 1,000 元才能使用等等之類。

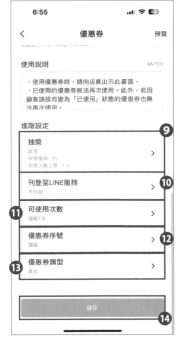

❾ 抽獎：可以將抽獎設成「開啟」，並設定中獎機率，可選擇「不設定人數上限」或填入中獎上限
人數。

❿ 刊登至 LINE 服務：刊登優惠券後，該優惠券便會刊登至 LINE 的相關服務，有助於吸引更多新
好友。 無論您的設定為何，所有用戶皆可透過優惠券的連結瀏覽優惠券。您可透過訊息、LINE
VOOM 及社群平台等方式隨時刊登優惠券。

⓫ 可使用次數：店家可依據活動內容自訂「僅限一次」或「不限次數」。

⓬ 優惠券序號：可設定「顯示」或「隱藏」，若選擇「顯示」，店家則需要自行須入一組方便辨識
的優惠券序號；若選擇「隱藏」，此區塊則不會顯示。

⓭ 優惠券類型：目前提供「其他」（紫色）、「折扣」（綠色）、「免費」（紅色）、「贈品」
（水藍色）、「現金回饋」（金黃色），每種不同類型優惠券會顯示不同對應的顏色，讓主題更
為鮮明。

⓮ 儲存按鈕：將優惠券設定儲存！

⓯ 點選儲存時，會出現「分享優惠券」的畫面，可以將設定好的優惠券分享為「設為加入好友送優
惠券」、「以訊息傳送」、「張貼至 LINE VOOM」、「設為關鍵字回應」或是分享連結網址到
社群。

 有關第 9、10 項，詳細說明與注意事項，請見前面章節，電腦版操作與設定部分。

集點卡：
殺手級服務，強勢登場，創造高回客率

「集點」對消費者而言，一直都有種莫名、無法抗拒的魅力。但是，隨著越來越多店家都在舉辦集點卡活動，消費者的皮包當中，增加越來越多的紙本集點卡，也導致許多消費者都不太願意拿集點卡，而且紙本集點卡，容易遺失，使得集點的點數前功盡棄，非常不便利。

對於店家而言，集點卡，雖然有可能帶來客人回流率，但是同時間，也衍生許多新的問題，例如紙本集點卡，需要設計、印刷費用，客人常常遺失或是忘記帶，就要重新發給一張，無形中浪費許多紙張與印製成本；此外現在有許多集點卡 App，雖然可以省去紙本集點卡印製費用，但是通常需要額外下載 App，客人下載意願不高，有些不需要下載 App，但是需要相關硬體設備配合，店家不僅需要額外花費購買，還要先適應設備操作流程。

現在 LINE 官方帳號推出 LINE 集點卡功能，提供店家完全免費申請、免費使用。讓店家可以輕鬆地就舉辦集點活動，創造高回客率！

4.8.1 LINE 集點卡四大優勢

❶ 免費申請、免費使用

　　目前「店家」只要申請 LINE 官方帳號 App，就能夠直接使用集點卡功能。

❷ 不需要下載任何 App，且無需硬體設備

　　客人無需另外下載 App，只要有使用 LINE 就可以直接集點！同時將集點卡內建在消費者的 LINE 裡，大幅節省紙本集點卡的印製成本。

❸ 操作容易、符合行動潮流

　　店家可直接透過手機 LINE 官方帳號 App 就可以輕鬆製作集點卡功能，輕鬆方便！並且可搭配 LINE 官方帳號同步宣傳行銷活動，大幅提升業績！

❹ 容易管理與統計回流情況

　　店家可直接在手機 LINE 官方帳號 App 中，查詢點數發放的情況以及統計數據！

4.8.2 紙本集點卡與 LINE 集點卡的串接之術

和漢北海道鐵板燒 [3] 原先就有使用紙本集點卡，透過集點卡活動，可以讓回購率增加，淡季比較不容易受到影響，舉辦集點卡活動快一年的時間，有許多客人跟他們反應，是否可以將集點卡直接放在店裡，讓店家做保管，就不用帶來帶去，因此，他們也嘗試使用集點卡的 App，雖然省去印製成本，但是客人們的下載意願不高，推行的狀況並不理想。

原先他們就有使用 LINE 官方帳號，發現到跟客人互動非常方便、即時，舉凡定位預約、諮詢服務都相當非常方便，剛好看到 LINE 官方帳號推出集點卡功能，馬上思索是否可以運用於店家實務上。首先就是要將已經使用紙本集點卡的客人，導引至使用 LINE 集點卡，店家便運用「取卡回饋點數」功能，只要客人願意使用 LINE 集點卡功能，當客人啟用集點卡時，馬上就可以獲得一點，開始導入後，客人都覺得非常新奇，紛紛加入，導入不到一個月，原先使用紙本的客人，幾乎全數轉換至使用 LINE 集點卡！

3　和漢北海道鐵板燒 (台北慶城店) LINE 官方帳號 ID: @xkq4393y

此外，店家還運用「進階集點卡」的功能，設計四個階段的集點活動，客人可以依據他喜歡的餐點，決定要累積到多少點數才做兌換，讓行銷活動更具彈性！

更重要的是，透過集點卡作為行銷活動，當客人開卡集點的同時，他一定也要加入 LINE 官方帳號的好友，因為要繼續集點，因此，封鎖店家的機率也會大大降低，有效地留住客人，又能增加回購率！

 透過開卡優惠、集點回饋，可有效傳接紙本集點卡轉換至 LINE 集點卡的使用意願！

4.8.3 多重防弊措施，讓店家更放心、更簡便發送集點！

圖片來源：蔵前温泉さらさのゆ https://www.facebook.com/sarasanoyu/

LINE 集點卡透過行動條碼（QR Code）發放點數給顧客。因此，店家只要出示行動條碼給顧客掃描，顧客掃描後就可以獲得點數，產生的方式有兩種：第一、透過手機 App 產生一次性的 QR Code，當客人掃描一次後，就會自動失效，無法再使用，不用擔心被盜用集點，但缺點就是每次都要重新產生一次。因此，LINE 集點卡提供另一種方式，店家可以印製紙本的 QR Code 讓客人直接掃描，這樣就不用每次都要重新產生 QR Code。不過，可能又會有店家擔心，如果客人一直重複掃描，或是拍照外流出去的話，怎麼辦呢？到時候一大堆人來兌換優惠，那就慘了！

別擔心，我們來看看藏前溫泉[4]的例子。店家在溫泉入口處置放海報，告知客人可以使用 LINE 集點卡，邀請客人加入，現場消費的話，直接掃描 QR Code 就可以獲得一點，客人也許會想：那是不是我直接掃描兩次，就可以集到兩點呢？事實上，當客人重複掃描時，就會出現：「此店家規定 1 天僅可獲贈 1 次點數」的訊息（如下列左圖）。

集點卡	集點卡
此店家規定1天僅可獲贈1次點數。	使用此行動條碼時，無法於距離店家過遠處取得點數。請到店家附近再次讀取，或請店家出示其他行動條碼。
OK	OK

此外，如果客人將 QR Code 拍照傳給其他好友掃描，則會出現：「使用此行動條碼時，無法於距離店家過遠處取得點數。」（如上列右圖），店家可以根據 QR Code 設定「位置」限制，當客人距離店家過遠時，就無法掃描，避免集點盜用。

原先覺得紙本集點卡太過於繁雜，不太願意使用集點卡這類的行銷活動，但透過 LINE 集點卡，讓藏前溫泉重新感受到集點卡的便利之處，而且發現到許多年輕客人都覺得非常新奇，紛紛推薦給好友，也讓店家好友人數逐漸上升！

 當客人要集點前，必須先加入店家 LINE 官方帳號好友，是非常不錯的募集好友工具喔！

4　藏前溫泉 LINE 官方帳號 ID: @sarasanoyu

4.8.4 LINE 集點卡店家基礎設定操作教學!

 動手試試看:打開電腦管理後台 → 編寫新訊息

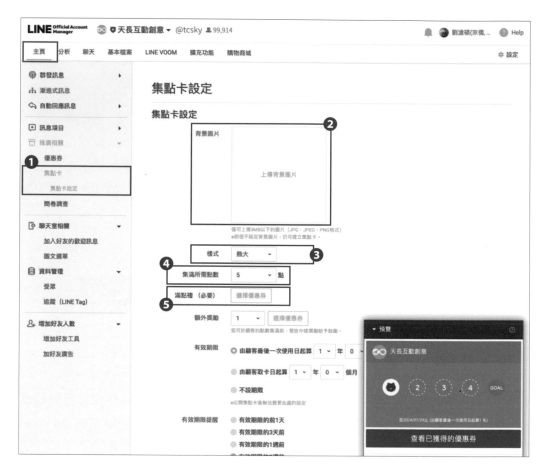

❶ 登入電腦版管理後台,進入欲管理之帳號後,點選上方「主頁」,選擇「集點卡」,進入集點卡設定。

❷ 背景圖片:可自行上傳集點卡背景。僅可上傳 3MB 以下的圖片(JPG、JPEG、PNG 格式)

> ⚠ 即使不設定背景圖片,仍可建立集點卡。

❸ 樣式：有十種樣式可以選擇「熊大」、「雷納德」、「兔兔」、「饅頭人」、「藍色」、「莎莉」、「紫色」、「粉色」、「綠色」、「橘色」。

❹ 集滿所需點數：選擇好友需要集多少點數才能得到禮物，最少 1 點，最多 50 點。

❺ 滿點禮：必填選項，當好友集滿了點數後，可以拿到的優惠，點選「選擇優惠券」後，會跳出下列畫面：

設定集點卡 - 優惠券步驟

❻ 建立優惠券：點選「建立優惠券」。在一開始要先設定「集點卡」集滿時要贈送的禮物（優惠券），因此記得在設定集點卡時，要先「建立優惠券」，使用者集滿點數才能獲得禮物喔！

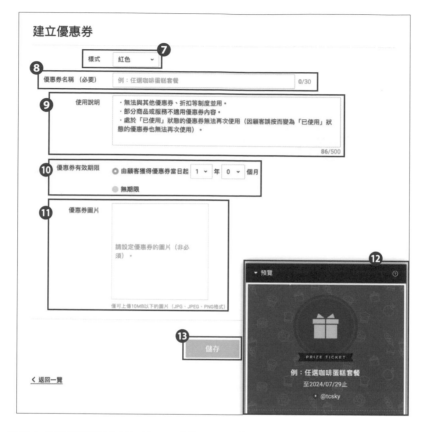

❼ 樣式：集點卡優惠券提供了「紅色」、「藍色」、「紫色」三種顏色的優惠券樣式供選擇。

❽ 優惠券名稱：填寫優惠券的名稱。

❾ 使用說明：填寫優惠券的使用說明。

❿ 優惠券有效期限：設定優惠券的有效期限，如果不想有期限則選擇「無期限」。

⓫ 優惠券圖片：上傳圖片，僅可上傳 10MB 以下的圖片（JPG、JPEG、PNG 格式）。

⓬ 預覽：可以事先預覽集點卡優惠券設定的樣式和內容。

⓭ 儲存：按下「儲存」，存取優惠券設定。

- 集點卡的優惠券使用期限雖可選擇，但仍跟集點卡使用的狀態有關，若集點卡停用，消費者已領取的優惠券也會失效！

- 集點卡裡的優惠券建立後不可再編輯或刪除，若真有錯誤，必須再重新設定一張優惠券並選取它！

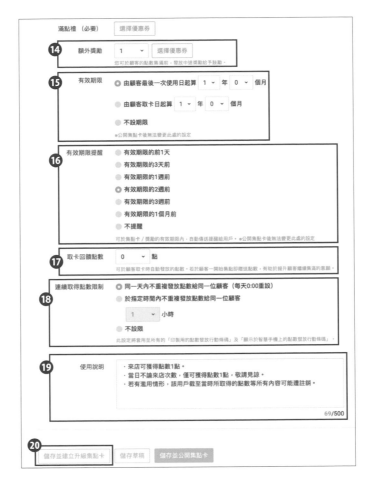

❶ 額外獎勵：為讓顧客有動力集點，到達某個點數時，可設定小優惠或是小禮物當作額外的獎勵，達到點數者會收到一張優惠券（優惠券設定方式與上同），但點數並不會被核銷，仍可以努力繼續集點數。

❶ 有效期限提醒：消費者的集點卡有效時間可設定為「由顧客最後一次使用日起算」或是「由顧客取卡日起算」，若是不限集卡的時間可設定「不設期限」。

❶ 有效期限提醒：消費者的集點卡有效時間到期前的通知，可選擇「前1天」、「3天前」、「1週前」、「2週前」、「3週前」、「1個月前」由系統自動傳送提醒顧客集點卡快到期了，「有效期限提醒」及「有效期限提醒」在集點卡公開後將無法變更設定。

❶ 取卡回饋點數：當顧客開卡集點卡時，若要直接贈送點數給消費者，就可在此設定，此功能可以有效鼓勵顧客取卡和集點，可設贈送點數為1點～50點。

❶ 連續取得點數限制：可以選擇「不設限」、「同一天內不重複發放點數給同一位顧客」、「於指定時間內不重複發放點數給同一位顧客」。

⓳ 使用說明：填寫優惠券的使用說明。

⓴ 儲存並建立升級集點卡：將以上設定的第一級集點卡內容儲存，若要設定第二級或更多級數的集點卡，點選此處設定，可以設定更好的禮物或是優惠，鼓勵顧客再次消費。

㉑ 樣式：選擇第二級集點卡的樣式。

㉒ 集點所需點數：選擇此級集點卡好友需要集多少點數才能得到禮物，最少 1 點，最多 50 點。

㉓ 滿點禮：必填選項，當好友集滿了點數後，可以拿到的優惠券，點選「選擇優惠券」做設定。

㉔ 額外獎勵：為讓顧客有動力集點，到達某個點數時，可設定小優惠或是小禮物當作額外的獎勵。

㉕ 儲存：設定完成後，按下儲存存取設定，回到集點卡設定。

 如果第二張卡集點完成後，想要再讓顧客收集繼續集點，可按下「建立升級集點卡」繼續設定第三張集點卡。

㉖ 儲存並公開集點卡：設定完成後，按下「儲存並公開集點卡」，完成集點卡設定。

動手試試看：打開手機 App → 主頁 → 集點卡

❶ 打開 LINE 官方帳號手機 App，點選房子圖示的「主頁」選單頁籤。

❷ 點選「集點卡」。

❸ 樣式：選擇集點卡的樣式。

❹ 集滿所需點數：依據行銷活動需求，設定客人需要收集的點數，點數可設定的範圍為 1 ～ 50 點。

❺ 滿點禮：設定當顧客集滿點數後，可得到的禮物。

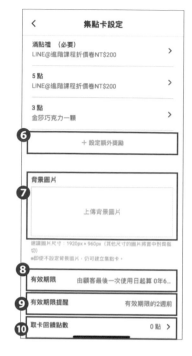
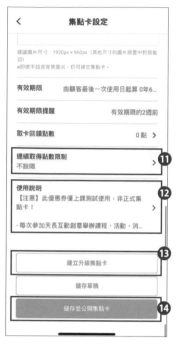

⑥ 設定額外獎勵：讓顧客有動力集點，到達某個點數時，可設定小優惠或是小禮物當作額外的獎勵，此獎勵不扣除點數。

 必須先設定「滿點禮」後，才會出現「設定額外獎勵」的選項！

---

⑦ 背景圖片：如果想讓你的集點卡跟別人不同，可上傳背景圖片，僅可上傳 3MB 以下的圖片 (JPG、JPEG、PNG 格式)，即使不設定背景圖片，仍可建立集點卡。

⑧ 有效期限：可設定自客人取卡後一年內皆有效，或是從最後一次集點起一年內有效。

⑨ 有效期限前提醒：店家可以設定在集點卡有效期限快到時自動提醒客人，例如：在有效期限到期前兩週自動提醒，這樣一來，就可以增加客人回流的意願。

⑩ 取卡回饋點數：店家可以設定讓客人與第一次啟用卡片時立刻獲得點數，設定範圍為 1 ～ 50 點。

⑪ 連續取得點數限制：發送點數時，為了防止不當集點的情形，店家可以設定行動條碼在多久時間內針對同一位客人，無法連續掃描行動條碼集點。

⑫ 使用說明：此處提供店家自行輸入集點規則與相關注意事項。

⑬ 建立升級集點卡：第一級集點完成後，想要再讓顧客繼續集點，可按下「建立升級集點卡」繼續設定第二級集點卡。

⓮ 儲存並公開集點卡：編輯完畢後就可以選擇「儲存草稿」或「儲存並公開集點卡」，點選「儲存並公開集點卡」，店家的集點卡就正式上線囉！

- 一個帳號一次只能設一個集點卡活動，無法設多張集點卡！
- 公開服務後，集點卡的「有效期限」、「有效期限前提醒」設定均不能做更改，此外，也可將集點卡設置在圖文選單的連結，以及公開在行動官網處。
- 若於集點卡有效期限前需停止集點服務，請從 LINE 官方帳號 App 或電腦版後台點選「LINE 集點卡」→「編輯集點卡」→「停止服務」，輸入停止服務的日期與對外說明後，系統將於指定日晚上 12:00 停止服務。

4.8.5 LINE 集點卡店家發送點數教學

店家發行集點卡後，接下來最重要的就是，當客人消費滿額要集點時，如何將點數發送給客人呢？

集點卡透過行動條碼（QR Code），發放點數給客人，店家只要秀出點數的行動條碼給客人掃描，顧客掃描後就可以獲得點數！

目前 LINE 集點卡部分，共有兩種發送點數的方式：

❶ 於智慧手機畫面上顯示行動條碼：簡單的說，店家可以透過手機產生具有「點數」的行動條碼，直接讓客人掃描，就可以產生集點的效果。

動手試試看：打開手機 App → 主頁 → 集點卡 → 於智慧手機上顯示行動條碼

> ⚠ 透過手機顯示的行動條碼僅可被掃描一次，掃描後，請重新點選欲發放的點數來產生新的行動條碼。

❶ 打開手機 App → 主頁 → 集點卡 → 於智慧手機畫面上顯示行動條碼。

❷ 點選「＋1 點」按鈕，可以選擇要發放的點數，可選擇 1 ～ 50 點，選擇好點數就會產生新的行動條碼（QR Code）。

❸ 若想在網路上直接發送點數給消費者，可先選好要發送的點數後再按分享「網址按鈕」，就會產生一組點數網址，消費者點了之後就能得到點數，這組網址也一樣只能點擊一次有效。

用手機 App 產生行動條碼非常方便，而且每個條碼只能掃一次就失效，非常安全不怕被重複集點，但是會遇到一個問題，以餐飲店來說，中午時可能是店家生意最忙的時候，這時候如果還要用手機產生 QR Code 讓客人掃描，很可能造成「塞車」的情況，因為每次都要先等待店員產生 QR Code（手機產生的 QR Code 屬於一次性，掃描過就要重新產生一次），等待店員產生 QR Code，再讓客人用手機掃描，一來一往之間，很可能影響到出餐、結帳等流程。這時，店家可以採用另外一種產生行動條碼的方式，就是直接將「點數」行動條碼印製出來，現場就不用再透過手機 App 產生 QR Code，當客人需要掃描時，就直接給予印製好的 QR Code，就可以直接集點使用！

❷ 印製行動條碼：

📱 動手試試看：**打開手機 App → 主頁 → 集點卡 → 印製行動條碼**

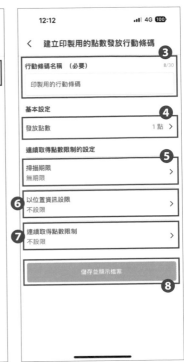

❶ 打開手機 App → 主頁 → 集點卡 → 印製行動條碼。

❷ 點選「建立印製用的行動條碼」，可開始建立點數行動條碼。

❸ 印製用的行動條碼：方便記錄不同的行動條碼用途和點數。

❹ 發送點數：選擇要贈送的點數。

❺ 掃描期限：辦活動時，若有時間限制，可以在此設定 QR Code 使用的期限，超過期限將會失效，若不想設定時效，點選無期限。

❻ 以位置資訊設限：若是想設定集點的顧客在三百公尺內才能掃描，可選擇「可掃描範圍限距離店家 300 公尺內」，設定前公司位置須先建置完成；若不需要限制範圍可點選「不設限」。

❼ 連續取得點數限制：發送點數時，為了防止不當集點的情形，店家可以設定多久之內同一位客人不可重複集點。

❽ 點選「儲存並顯示檔案」後，會出現下圖：

- 輸入電子郵件地址，系統就會將行動條碼電子檔寄到該電子郵件信箱囉！或是可以將要印製的 QR Code 儲存至手機。若尚未要馬上列印，亦可以於之後返回，再做列印與設定。

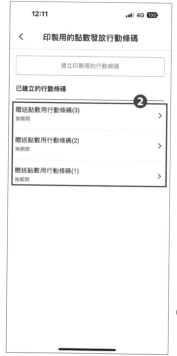

❶ 打開手機 App → 主頁 → 集點卡 → 印製行動條碼。

❷ 點選任一個「已建立的行動條碼」。

❸ 「儲存設定並列印」，輸入電子郵件地址，系統就會將行動條碼電子檔寄到該電子郵件信箱，或是可以將要印製的 QR Code 儲存至手機。

❹ 儲存：將設定儲存，不會顯示要印製的 QR Code。

❺ 刪除行動條碼：若不想使用此行動條碼，按此刪除即可。

❻ 複製：可複製這次設定的內容，以方便下一個點數的條碼設置，不同點數的行動條碼需個別設置。

🖥 動手試試看：**打開電腦管理後台 → 集點卡 → 印製用的點數發放行動條碼**

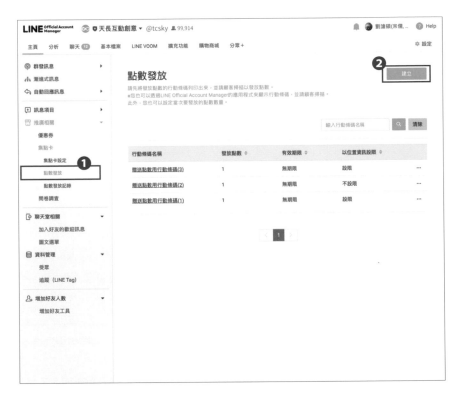

❶ 集點卡：進入網頁 LINE 官方帳號網頁後台，點選「主頁」後，點選集點卡 - 發送點數。

❷ 印製用的點數發放行動條碼：儲存集點卡設定並公開後，會自動產生「點數發送」選項，點選右上角「建立」按鈕。

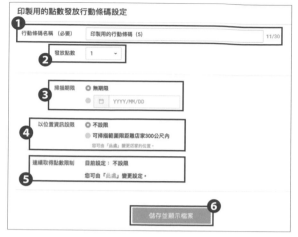

❶ 行動條碼名稱：方便記錄不同的行動條碼用途和點數。

❷ 發放點數：選擇要贈送的點數。

❸ 掃描期限：辦活動時，若有時間限制，可以在此設定 QR Code 使用的期限，超過期限將會失效，若不想設定時效，點選無期限。

❹ 以位置資訊設限：若是想設定掃描的顧客在三百公尺內才能掃描，可選擇「可掃描範圍限距離店家 300 公尺內」，設定前公司位置須先建置完成；若不需要限制範圍可點選「不設限」。

❺ 連續取得點數限制：發送點數時，為了防止不當集點的情形，店家可以設定多久之內同一位客人不可重複集點。

❻ 儲存並顯示檔案：按下綠色「儲存並顯示檔案」按鈕，可儲存檔案並顯示要列印的行動條碼。

❼ 一併下載：按下綠色「一併下載」按鈕後，下載後會得到 ZIP 檔案，解壓縮後會得到三種不同風格的 QR Code 圖片，可列印製作成店頭集點卡的 QR Code。

> ⓘ
> - 印製店頭集點卡的 QR Code，須注意自己要標示每張 QR Code 掃描後消費者得到的點數，系統給的版型並無標示點數！
> - 對於客人來說，集點時只要使用 LINE 就能夠集點喔！若客人尚未加入店家 LINE 官方帳號好友，第一次會要求先加入好友！

 動手試試看：顧客只要打開「LINE」→「加入好友」→「行動條碼」，利用此行動條碼掃描器掃描點數 QR Code 即可掃描集點

4.9 進階影片訊息：停留視覺目光的影音，超高購買率

 進階影片訊息目前僅能夠在電腦管理後台使用！

什麼是進階影片訊息呢？先來看看下圖的比較：

可以明顯看出兩張圖片在手機上大小的差異，一般來說，如果在群發訊息中傳送影片的話，不管你的影片多大張，都會像左圖一樣，大約只會佔畫面一半左右，而右圖為「進階影片訊息」格式，會依據你的影片比例是整個滿版的畫面，除了透過更具有視覺效果的滿版畫面吸引客人注意之外，還可以直接設置連結的行動按鈕，當客人點選文字按鈕時，可以直接連結到購物頁面，讓店家商品及行銷活動更靈活，有效提升商品的導購率！

❶ 進階影片訊息：登入電腦版管理後台，進入欲管理之帳號後，點選「主頁」，找到左側「訊息項目」底下的「進階影片訊息」。

❷ 點選右方「建立」按鈕，即可開始建立「進階影片訊息」。

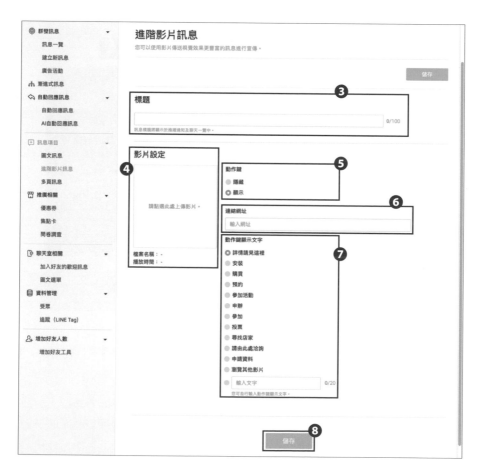

❸ 標題：輸入「標題」，訊息標題將顯示於推播通知及聊天一覽中。

❹ 影片設定：上傳的影片建議格式為 MP4、MOV、WMV，檔案容量 200MB 以下。

❺ 動作鍵：點選「顯示」，下方會顯示「連結網址」、「動作鍵顯示文字」資訊。點選「隱藏」將會隱藏資訊。

❻ 連結網址：群發訊息後，好友觀看影片，點擊動作鍵顯示的文字後，將會導引到您填寫的網址。

❼ 動作鍵顯示文字：影片播放中所顯示的文字按鈕設定欄。

❽ 儲存：按下「儲存」，儲存設定。

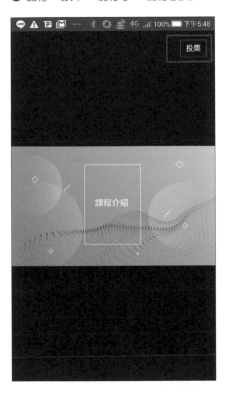

- 好友收到群發的進階影片訊息後，在右上角看到的文字就是在「動作鍵顯示文字」所設定的。

⚠ 設定「進階影片訊息」後，並不會直接發送出去，你必須透過「群發訊息」才能將「進階影片訊息」發送給客人喔！

多頁訊息：
群發主打商品，導購超方便！

若我們想發送多項商品資訊，或一系列活動、課程、人物介紹、門市地址之類的訊息，但 LINE 官方帳號的群發訊息一次只允許發送三個對話框，若做多次發送就會變得很混亂而且增加訊息費用，這時我們就可以選擇使用「多頁訊息」，將多項要宣傳的同類型內容集結成一則「多頁訊息」並傳送。多頁訊息將以輪播格式呈現，用戶可左右滑動來瀏覽其他頁面的內容。幫助店家擺脫傳統純文字、或洗版式的訊息發送方式，還可以改善商品與服務資訊的閱讀性，提升顧客點擊率。馬上來學習該如何運用吧！

 多頁訊息目前僅能夠在電腦管理後台設定！

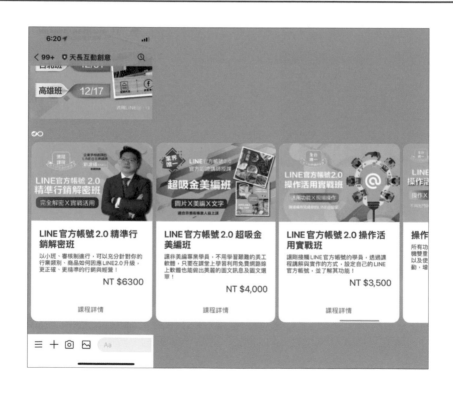

動手試試看：**打開電腦管理後台 → 主頁 → 多頁訊息 → 建立**

❶ 登入電腦版管理後台 → 進入「主頁」後，點選左側「多頁訊息」。

❷ 點選右方「建立」按鈕，即可開始建立「多頁訊息」。

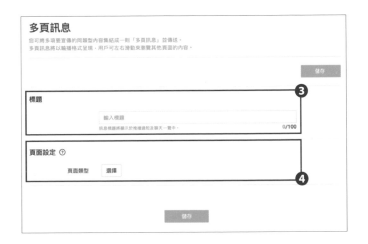

❸ 填寫標題。

❹ 選擇「頁面類型」。

• 請依據訊息的宣傳目的，
選擇最合適的頁面類型。

可選擇「商品服務、地點、人物、影像」4 種頁面類型：一次只能使用一種版型，可以新增最多 9 個多頁訊息頁面。

- 商品服務：適合用來宣傳各類商品或服務。

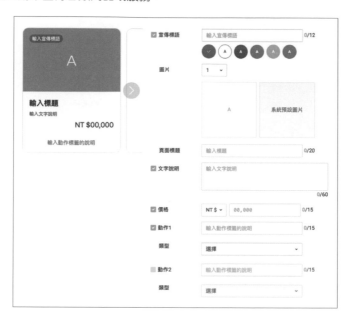

- 地點：適合用來宣傳實體店面、交通資訊，或不動產資訊。

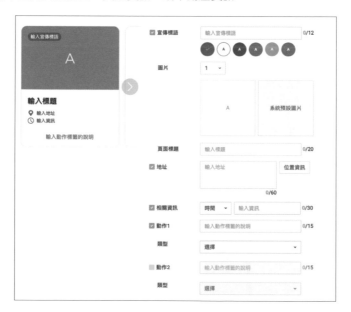

- 人物：適合用來宣傳核心人士、員工陣容等相關資訊。

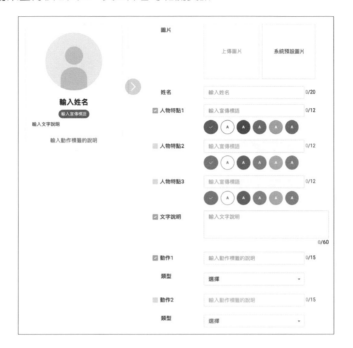

- 影像：適合搭配影像的視覺效果，以提升形象與知名度、促銷、宣傳商品或服務。

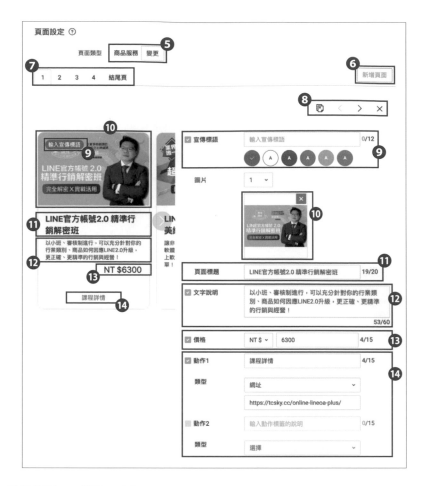

⑤ 變更：點擊變更，可變更頁面類型。

⑥ 新增頁面：點擊新增頁面，可以新增多頁訊息頁面，最多能增加 9 個多頁訊息。

⑦ 新增多頁訊息頁面後，會出現編號，若需編輯內文，可點擊編號後進入頁面來編輯或修正。

⑧ 可以新增頁面、左右移至上一個頁面或是下一個頁面、刪除頁面。

⑨ 若要使用宣傳標語，請將左方方框打 V，填寫標題後，可點選標題顯示顏色，讓標題更顯眼。

⑩ 可選擇 1-3 張圖片上傳。

⑪ 頁面標題：此處可以填寫明確詳細的標題，增加點擊率，20 字以內。

⑫ 文字說明：若要顯示文案，請將左方方框打 V，可填寫 60 字以內的文案。

⑬ 價格：如果需要填寫價格，請將左方方框打 V，並填入價格。

⑭ 若要使用動作 1 及動作 2，請將左方方框打 V，可選擇網址、優惠券、集點卡、問卷調查及文字，用戶點擊後可出現相對應的資訊。

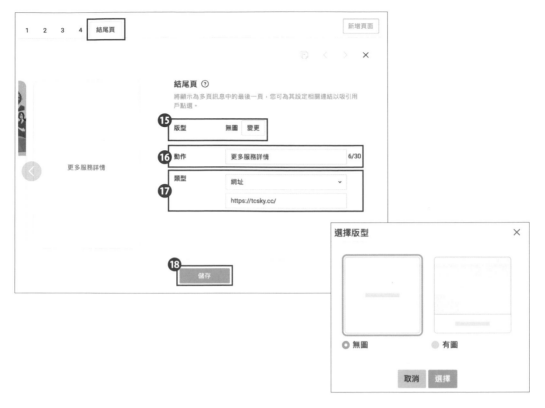

⑮ 結尾頁版型：可選擇有圖及無圖，如果選擇有圖，需上傳圖片 (圖片最多上傳 1 張)；若選擇無圖，可做單純的行動呼籲。

⑯ 可設定 1 個「動作」標籤並輸入說明，例如「商品名稱」(最多 30 字)，並且選擇動作標籤的「類型」(有 5 種可選擇：文字、網址、優惠券、集點卡、問卷調查)。

⑰ 類型：可以選擇「網址」、「優惠券」、「集點卡」、「問卷調查」、「文字」等形式，點選後會傳送相對應的訊息格式。

⑱ 設定完成後，點選「儲存」，完成設定。

- 多頁訊息圖片建議比例
  - 商品服務、地點、結尾頁類型──圖片建議比例：1.54：1
  - 影像類型──圖片建議比例：1.54：1
  - 人物類型──無圖片比例限制
- 檔案格式：JPG、JPEG、PNG
- 檔案容量：10 MB 以下

本章節將帶您建立圖文訊息，圖文訊息是 LINE 獨有的訊息格式，透過簡單設定就能製作出佔據好友手機畫面的大圖，吸引對方目光。圖文訊息具備「吸睛、即刻點閱、提供轉換」的特色，因此可以說是企業 / 商家不可或缺的行銷利器。

> ⊘ 圖文訊息目前僅能夠在電腦管理後台設定！

什麼是圖文訊息呢？先來看看下圖的比較：

可以明顯看出兩張圖片在手機上大小的差異，一般如果在 LINE 中傳送圖片的話，不管你的圖片多大張，都會像左圖一樣，大約只會佔畫面一半左右，而右圖為「圖文訊息」格式，會是整個滿版的大圖，除了透過更具有視覺效果的滿版畫面吸引客人注意之外，還可以直接「設置連結」，客人點選圖片後，便會直接連結到購物頁面。

圖文訊息具有不同的排版配置，可讓店家配合自己的行銷模式隨意搭配、彈性地調整，有效提升商品的導購率。

4.11.1 圖文訊息操作教學

動手試試看：打開電腦管理後台 → 主頁 → 圖文訊息 → 建立

❶ 登入電腦版管理後台，進入欲管理之帳號後，進入主頁後，點選左側「圖文訊息」。

❷ 點選右方「建立」按鈕，即可開始建立「圖文訊息」。

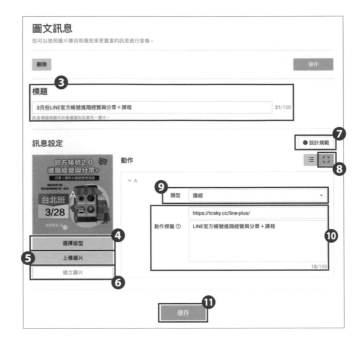

❸ 標題：訊息標題將顯示於推播通知及聊天一覽中。

❹ 選擇版型：點選「選擇版型」。

 必須先選擇版型設定，才能點選「上傳圖片」或「建立圖片」！

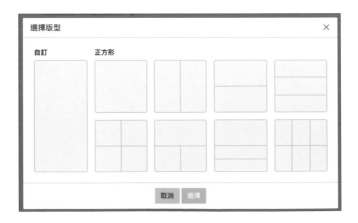

▶ 點選「選擇版型」後，可以看到有不同的版型可以挑選，請選取一種並按下「選擇」按鈕，回到圖文訊息畫面。

- 正方形版型尺寸：寬度 1040px × 高度 1040px
- 自訂版型尺寸：寬度 1040px × 高度 520 ～ 2080px

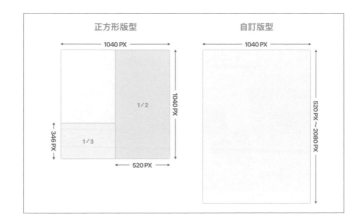

❺ 上傳圖片：上傳已經設計好的圖片。不管你選擇何種編排方式，系統會自動根據你選擇的編排方式，將此張圖片分隔不同區域，不用因為選擇分隔兩個區域編排方式，就準備兩張圖片；選擇六個區域的編排方式，就準備六張圖片，你只需要上傳一張符合 **1040*1040 像素**的圖片即可。

❻ 建立圖片：如果沒有設計好的圖片，可以選擇此模式，透過內建的圖片編輯器，編輯與建立圖片。

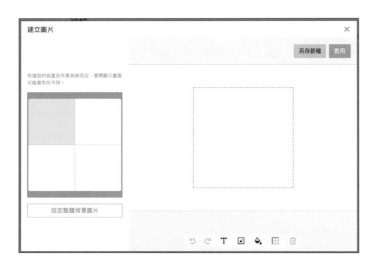

❼ 設計規範：將會提供對應的尺寸及規範，你可以下載版型 PSD 檔，直接套用。

❽ 開合內容按鈕：點選 ☰ 按鈕，會閉合內容，點選 ⛶ 按鈕，將會開啟內容項目。

❾ 類型：可選擇「連結」或是「優惠券」，選擇「連結」需輸入要連結的網址，選擇「優惠券」前需事前設定好「優惠券」。

❿ 動作標籤：此欄位作用，是讓店家填寫群發訊息的內容，假如有支援語音閱讀的手機，可唸出內容。如果是 LINE 較舊的版本，不支援圖文訊息時，則會直接秀出文字與連結，例如下圖：

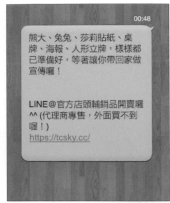

⓫ 儲存：按下「儲存」按鈕後可將圖文訊息設定儲存下來。

 設定「圖文訊息」後，並不會直接發送出去，你可以將它運用在「群發訊息」、「歡迎訊息」、「自動回應訊息」發送給客人喔！

4.11.2 瞇眼測試，讓你的圖文訊息，導購率倍增！

運用「圖文訊息」格式創造吸睛效果雖然可有效的提升購買率，但不是只將圖片設計美美的就夠了喔！最重要的還包含了顏色、文字、CTA（Call to action，招喚行動，以下簡稱 CTA）等配置的搭配，要能夠相輔相成，才能達到最佳的效果。什麼是 CTA 呢？簡單的說，就是希望消費者做出某種行為，例如：常見的「立即購買」、「瞭解更多」、「立即前往」等等這一類的文字，當然 CTA 不只是文字，圖片、按鈕都算是 CTA 的一種，以「圖文訊息」來說，最常見的會是「按鈕」的形式。例如，下圖中的紅色框框標示的範圍：

如果圖文訊息的「CTA」按鈕部分如果可以設計得當，就可以增進消費者點擊的機率！那怎樣才算是設計得當呢？以「圖文訊息」的「按鈕」而言，最重要的就是要設計的顯眼，讓消費者一眼看到，就可以很明顯知道「點選何處」。

這邊跟大家分享一個非常重要的小技巧：「瞇眼測試」（The Squint Test），什麼是「瞇眼測試」呢？簡單來說就是將圖片「模糊化」，例如下圖：

 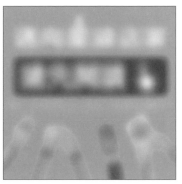

將設計好的「圖文訊息」圖片模糊化之後，看看是否容易分辨出「按鈕」的位置，如果模糊之後，還能夠清楚的分辨 CTA，就代表圖文訊息設計得不錯，能增進消費者點選的機率。

4.12 圖文選單：
超酷炫的圖文選單，超吸睛！

本章節將帶您建立圖文選單，圖文選單位於聊天室畫面下方的選單，這個版位有絕佳的曝光度，每次用戶不管是因為推播或其他互動打開您的官方帳號時，都能看到這個版位，舉凡「外導連結」、「優惠券」、「集點卡」及「關鍵字」都能設定，有了圖文選單區塊，不只曝光，更能幫您 24 小時導流做互動，讓您的服務不間斷。

❶ 圖文選單為固定在聊天室下方的圖片。圖文選單最多可畫分為六格，每一格您皆可設定連結網址，店家可以設計專屬的選單樣式作為行銷活動宣傳、商品介紹、網站連結以及各式的連結按鈕，讓您的 LINE 官方帳號更吸睛！

❷ 點擊下方的選單列顯示文字，可收起或打開。

 動手試試看：打開電腦管理後台 → 主頁 → 圖文選單 → 建立

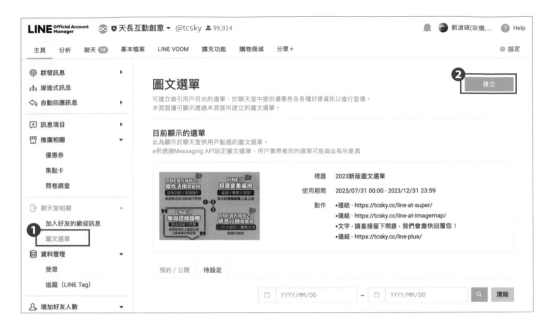

❶ 圖文選單：登入電腦版管理後台，進入欲管理之帳號後，進入「主頁」後，點選左側「圖文選單」。

❷ 建立：按下「建立」，即可開始設定「圖文選單」。

❸ 標題：輸入圖文選單的「標題」，此欄位不會顯示給好友看，是管理用的標題欄。

❹ 使用期間：可設定圖文選單的使用區間，設定開始時間跟結束時間，時間一到，將會啟用或是關閉圖文選單。

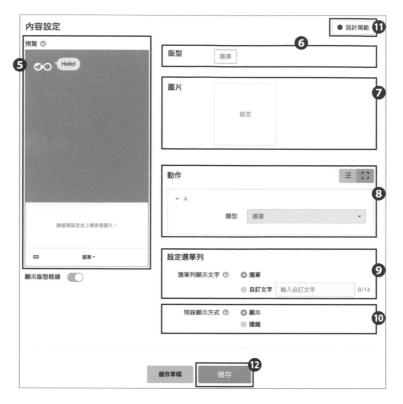

❺ 預覽：可預覽圖文選單設定的模擬畫面。

❻ 選擇版型：點選「選擇」，會出現下圖，可選擇想要的版型進行設定。

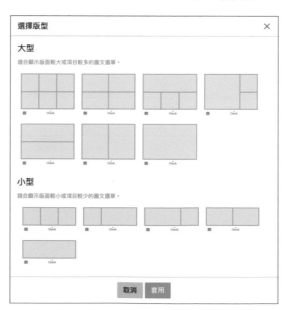

❼ 設定圖片：選擇版型後，則可以點選「設定」按鈕，進一步設定圖文選單的圖片，在設定圖片時，有兩種方式：

- 上傳整體背景圖片：不管你選擇何種編排方式，系統會自動根據你選擇的編排方式，將此張圖片分隔不同區域，不用因為選擇分隔兩個區域的編排方式，就準備兩張圖片；選擇六個區域的編排方式，就準備六張圖片，你都只需要上傳一張符合 2500px × 1686px、 2500px × 843px、1200px × 810px(大型) 或 1200px × 405px、800px × 540px、800px × 270px(小型) 的圖片即可。

- 為每個區塊個別建立圖片：假如你沒有美工軟體，可用「建立圖片」工具來進行圖片編輯，你選擇版型後的每一個格位，都可以另外填色及置入文字。

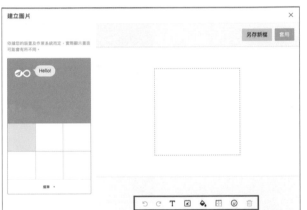

恢復上一個步驟	取消恢復上一個步驟	點選後，可以在畫面上輸入文字	上傳圖片，進行編輯	可在背景填入顏色	可增加邊框的線條	新增圖示	點刪除，可將編輯的圖或物件進行刪除

❽ 動作 → 類型：點選類型後會出現「連結」、「優惠券」、「文字」、「集點卡」、「不設定」的選項，點選後進行輸入即可。

選擇「連結」類型，會出現「動作標籤」選項。此欄位的作用，是讓店家填寫圖文選單的內容，假如有支援語音閱讀的手機，可唸出內容。如果是 LINE 較舊的版本，不支援圖文訊息時，則會直接秀出文字與連結。

❾ 選單列顯示文字：在圖文選單下方列的文字顯示，若直接使用預設值，可以使用「選單」，也可以點選「自訂文字」輸入你想要顯示的文字。

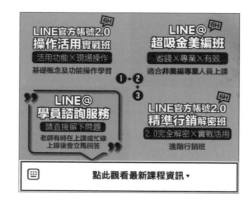

❿ 預設顯示方式：顧客進入 LINE 官方帳號聊天室，如果要讓「圖文選單」直接顯示，可以點選「顯示」，若點選「隱藏」，圖文選單將不顯示，待顧客點下方選單列顯示文字後，才會展開。

⓫ 設計規範：將會提供應有的尺寸及規範，你可以下載版型 PSD 檔，直接套用。

⓬ 儲存：設定完成後，按下綠色「儲存」按鈕，LINE 官方帳號好友將會在你指定的時間看到你所設定的選單。

● 下圖為圖文選單的尺寸大小：

動手試試看：打開手機 App → 主頁 → 圖文選單

① 打開 LINE 官方帳號手機 App，點選房子圖示的「主頁」選單頁籤。

② 點選「圖文選單」。

③ 可看到目前正在使用／顯示的圖文選單。

④ 若過往有建立圖文選單，可在此看到過往的設定，亦可進一步編輯、修改、刪除。

⑤ 點擊「建立」按鈕，可開始建立圖文選單。

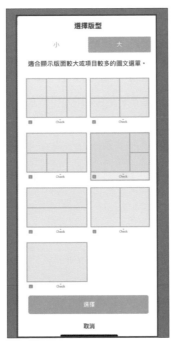

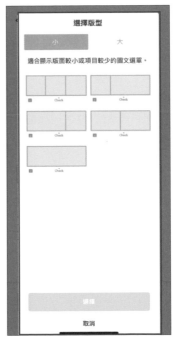

⑥ 選擇版型：點選後會出現選擇版型畫面，上方有按鈕可以選擇小或大。選擇大，會出現全版的類型；選擇小，會出現半版的類型。點選要的版型後，按下「選擇」，完成版型的選擇。

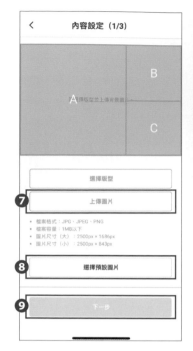

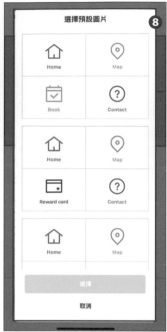

❼ 上傳圖片：不管你選擇何種編排方式，系統會自動根據你選擇的編排方式，將此張圖片分隔不同區域，不用因為選擇分隔兩個區域的編排方式，就準備兩張圖片；選擇六個區域的編排方式，就準備六張圖片，你只需要上傳一張符合 2500px × 1686px、2500px × 843px、1200px × 810px(大型)、1200px × 405px、800px × 540px、 800px × 270px(小型) 的圖片即可。

❽ 選擇預設圖片：官方手機版推出了基本常用的四格選單設定，若不知道要製作怎麼樣的圖文選單時，可以使用官方的預設圖片來進行設定。

❾ 設定完成後，點擊「下一步」，到下一步驟。

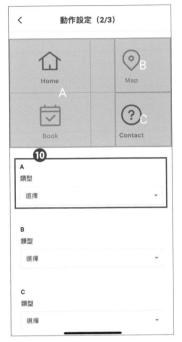

❿ 類型：點選類型後，會出現「連結」、「優惠券」、「文字」、「集點卡」、「不設定」的選項，點選後進行輸入即可。

⓫ 標題：輸入圖文選單的「標題」，此欄位不會顯示給好友看，是管理用的標題欄。

⓬ 使用期間：可設定圖文選單的使用區間，設定開始時間跟結束時間，時間一到，將會啟用或是關閉圖文選單。

⓭ 選單列顯示文字：在圖文選單下方列的文字顯示，若直接使用預設值，可以使用「選單」， 也可以點選「自訂文字」輸入你想要顯示的文字。

⓮ 預設顯示：顧客進入 LINE 官方帳號聊天室，如果要讓「圖文選單」直接顯示，可以點選「顯示」，若點選「隱藏」，圖文選單將不顯示，待顧客點下方選單列顯示文字後，才會展開。

⓯ 按下「儲存」按鈕，完成設定。如果還需要思考，可點選「儲存至「待設定」一覽」， 稍後再做處理。

設定完成後查詢「已預約」及「待設定」的圖文選單，點擊主頁 → 圖文選單，可查詢「已預約」或「待設定」的圖文選單。

若想要進行編輯，點擊圖文選單的圖片後，找到編輯，可再次編輯圖文選單的內容。

4.13 問卷調查 (投票 / 問卷)：創意互動，保持新鮮感

現在有許多店家都會舉辦填問卷送好禮的活動，但是，很多店家都是讓 LINE 官方帳號好友連線到另外的網站做填寫問題，事實上透過官方帳號的「問卷調查」就能做到簡單的投票與問卷調查功能，而且還有「謝禮設定」，當客人填寫完問卷，就能直接收到「優惠券」喔！

4.13.1 運用創意新鮮趣味點，洞悉消費者喜好

以我們自身的例子而言，每次在 LINE 官方帳號生活圈分享會結束後，就會透過 LINE 官方帳號發送調查問卷，即時傳送到學員手機中，立即就可以參與票選、問卷，並且馬上就可以「領取謝禮」，許多學員都覺得這樣的方式新鮮、好玩，填寫問卷的比例也大幅提升。同時也省去許多紙本問卷統計的時間，現場學員填寫完畢，LINE 官方帳號電腦管理後台，馬上就有統計數據，更快速的掌握學員喜好以及問題點，並且現場就可以即時回饋、處理意見，有效增進與學員互動！

課後問卷

領取謝禮

同樣地，許多店家透過「問卷調查」中的「謝禮設定」，讓客人填寫問卷後，馬上就可以獲得優惠券，能夠大大提升客人參與互動、填寫問卷的意願。對店家而言，也可以簡化活動流程，以往都是要先填寫問卷，然後店家另行統計與抽獎後，再公告抽獎結果，現在則可以直接透過「調查功能」結合「謝禮設定」，一次搞定，對於客人也不用再等待，立即就能獲得優惠，店家也能在活動結束後下載結果，是非常新鮮有趣的方式！

 提醒店家，LINE 官方帳號調查功能，目前僅能透過「電腦管理後台」做設定喔！（不支援手機 App）

4.13.2 問卷調查基礎設定教學

「問卷調查」是一種常見且便利的方式，可以幫助店家透過顧客需求問卷收集意見，除了能用來優化服務流程並及早發現潛在問題，進而找到優化經營方式以及改善商家服務的方向，還能透過回應的互動，讓顧客感覺自己被重視，進而累積信賴感、提升商家在顧客心中的重要性，並找到增加轉換率與提升業績的機會點。

接下來讓我們一起來學習如何設計出有效的問卷調查吧！

動手試試看：**打開電腦管理後台 → 主頁 → 問卷調查**

❶ 問卷調查：登入電腦版管理後台，進入欲管理之帳號後，進入「主頁」後，點選左側「問卷調查」。

❷ 建立：按下綠色「建立問卷調查」按鈕，建立一個新的調查功能。

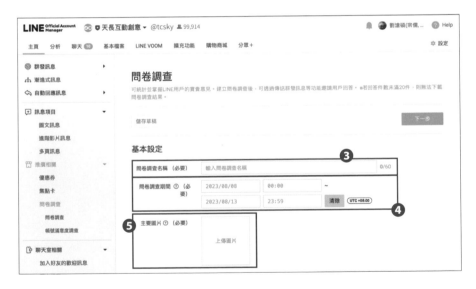

❸ 問卷調查名稱：填寫「問卷調查名稱」，此為必填欄位，讓參與者知道舉辦活動的主題。

❹ 問卷調查期間：設定問卷起始跟結束時間，設定需要是未來時間。

❺ 主要圖片：必要之欄位，必須要上傳一張圖片，用戶收到問卷時所呈現的主圖片，檔案格式為 JPG、JPEG、PNG，檔案容量需在 10MB 以下，建議圖片尺寸為 520px × 340px、780px × 510px。

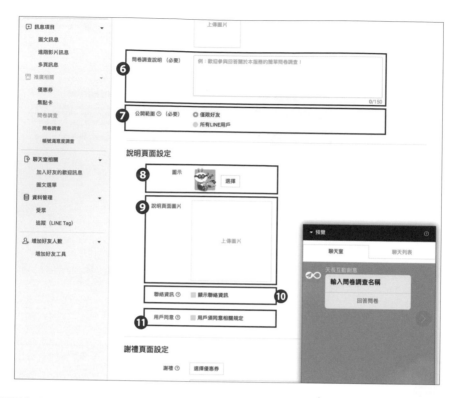

⑥ 問卷調查說明：此欄位為必填欄位，可在此說明問卷調查緣由。

⑦ 公開範圍：若選擇「僅限好友」，只有自己帳號中的好友可以做問卷；若選擇「所有 LINE 用戶」，所有的 LINE 用戶將可以進行問卷調查。

⑧ 圖示：LINE 官方帳號提供六種說明頁圖示選擇。

⑨ 說明頁面圖片：可在此放上流程圖，或是說明舉辦活動目的圖片，檔案格式為 JPG、JPEG、PNG，檔案容量需在 10MB 以下。

⑩ 聯絡資訊：將聯絡資訊打勾後，將會出現可填寫店家「公司名稱」及「電話號碼」的欄位。

⑪ 用戶同意：用戶須同意相關規定打勾後，會顯示「相關規定的說明網站」及「相關規定的說明文字」兩個選項，店家可自行選擇設定哪一種方式來說明。

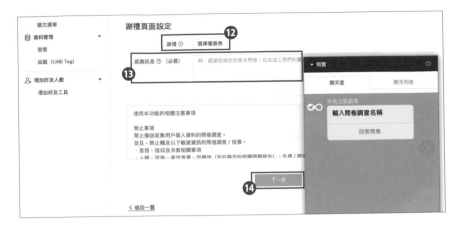

⑫ 謝禮：以優惠券的方式，提供誘因，吸引用戶參與問卷調查，優惠券需在優惠券功能中先設定好。

⑬ 感謝訊息：當用戶回答完問卷後，所顯示的訊息。

⑭ 下一步：按綠色「下一步」按鈕進入問題設定。

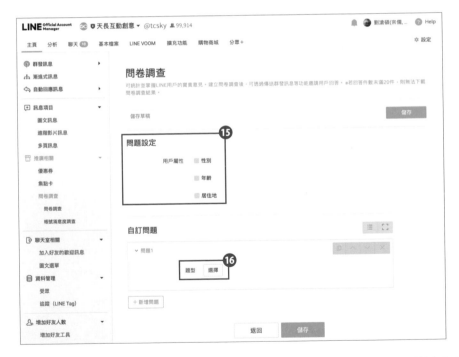

⑮ 用戶屬性：固定有三種「性別」、「年齡」、「居住地」屬性，將欲調查的屬性點擊打勾後，選項中選擇「自訂答案選項」，將會在下面出現灰色框，讓你填寫答案，使用鍵盤按下「Enter」區分每一項答案，若不需要用戶提供屬性資料，不打 v 將不會顯示屬性相關問題。

⑯ 類型：在問題中的「類型」按下「選擇」。

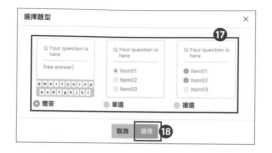

⓱ 簡答、單選或複選：跳出要選擇的類型，可選擇此題類型為「簡答」、「單選」或「複選」。

⓲ 完成類型的選擇後，按下「選擇」按鈕。

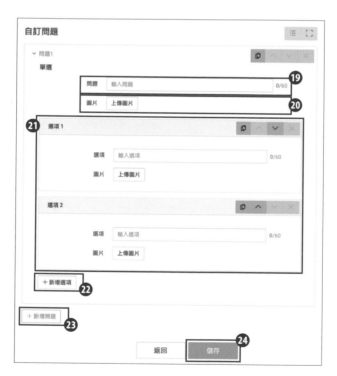

⓳ 問題：填寫本題要詢問的「問題」。

⓴ 圖片：若想放上圖片，讓投票者更清楚，可以點此上傳圖片。

㉑ 選項1、選項2：此欄最少要兩個選項以上。填寫用戶需選擇的答案，上傳「圖片」可讓用戶更清楚自己選擇的東西。

㉒ 新增選項：如果需新增答案選項，可按下「新增選項」按鈕。

㉓ 新增問題：按下「新增問題」將可以新增一則新的問題。

㉔ 儲存：按下綠色「儲存」按鈕，將設計完成的問題及答案儲存，儲存後將回到問卷調查的首頁。

- 下載：活動結束後，點擊「已結束的問卷調查」，在問卷調查結果的欄位內可以看到「下載」按鈕，點擊「下載」按鈕可以得到 .xlsx 檔案的問卷調查結果。

> ⚠ • 設定「問卷調查」後，並不會直接發送出去，你必須透過「群發訊息」或「貼文串」才能將「問卷調查」發送給客人喔！
> • 小提醒：問卷調查狀態為「進行中」時，將無法修正問卷內容！

4.13.3 帳號滿意度調查設定教學

除了「問卷調查功能」之外，現在 LINE 官方帳號還提供「帳號滿意度調查」功能，免費調查用戶對您官方帳號的整體評價！用戶給 LINE 官方帳號的評價，將依據 NPS®[5] 的標準指標量化後算出。定期調查用戶滿意度，可助您衡量過往的廣宣成效，並作為日後規劃及改進的參考。

 動手試試看：**打開電腦管理後台 → 主頁 → 問卷調查**

5　「Net Promoter」、「NPS」以及 NPS 使用的相關表情符號，為 Bain & Company, Inc.、Satmetrix Systems, Inc. 及 Fred ReichheldBain & Company, Inc. 在美國的註冊商標，並且「Net Promoter Score」及「Net Promoter System」為其服務商標。

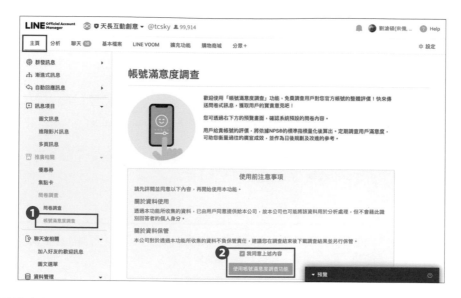

❶ 帳號滿意度調查：登入電腦版管理後台，進入欲管理之帳號後，進入「主頁」後，點選左側「帳號滿意度調查」。

❷ 閱讀完畢「使用前注意事項」後，勾選「我同意上述內容」後，便會切換到下方「群發訊息」畫面。

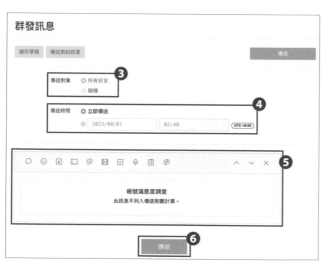

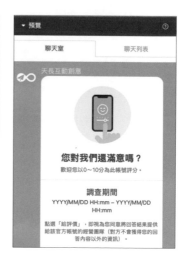

❸ 傳送對象：目前預設為「所有好友」，無法變更。

❹ 傳送時間：可選擇「立即傳送」或是選定預設時間，作為發送。

❺ 傳送訊息為預設，無法變更。可在右下角預覽看到發送訊息樣式，如上圖右。

❻ 傳送：點選「傳送」按鈕即可發送「帳號滿意度調查」訊息。

4.14 分眾＋： 自動貼標，投其所好，把訊息推播給對的人

分眾＋功能，顧名思義就是用來讓我們做好顧客分眾，達到精準行銷的作用，這個功能有另一個操作平台，有點像另外串接 API 程式的狀態，原本後台的自動回覆、一對一標籤、群發訊息及圖文選單與分眾＋平台裡的這些功能是分開的。如果要使用分眾＋，用戶必須先購買推廣方案 (群發訊息則數) 的固定月費，才能開通此功能，開通後，如果當月沒有繼續付費購買固定方案，則當月無法使用此功能，所以它是推廣方案的附加功能。

4.14.1 分眾＋功能介紹與啟用操作

分眾＋的功能

❶ 利用自動回覆或圖文選單做自動標籤。

❷ 利用行動標籤做分眾發送群發訊息，達到精準行銷。

❸ 選擇不同期間和帳號互動過的活躍好友作分眾溝通。

❹ 針對不同標籤的好友，顯示不同的圖文選單。

- 分眾＋功能需購買加值服務的推廣方案 —— 固定月費方案 (中用量或高用量皆可) 方能使用此功能。
- 僅供電腦版使用。

開啟分眾＋功能

❶ 進入分眾＋網頁：https://oaplus.linebiz.com

❷ 選擇「開始啟用官方帳號分眾＋」。如果沒有官方帳號，請選擇「創建一個 LINE 官方帳號」創建帳號。

❸ 會出現有付費可使用分眾＋的帳號，點選「啟用」。若畫面中有出現相關連動或服務條款，請點選連動與同意，即可進入分眾＋的管理畫面，如第 4 步驟。

❹ 進入分眾＋的頁面。 進入後點選左側選單，可開啟完整選單選項。

* 完成登入後回到 LINE 官方帳號電腦管理後台，也可以在上方選單看到「分眾＋」的選項，點擊「分眾＋」也可以進入分眾＋設定頁面。

* LINE 官方帳號電腦管理後台：https://manager.line.biz/

❺ 點選即可進入分眾＋的頁面。

4.14.2 分眾＋功能 - 自動回應訊息設定

設定分眾＋的自動回應訊息，無需切換成 AI，在聊天的狀況下，也可以幫你做好自動回應，啟動自動回應的同時，也會幫你做好自動標籤喔！

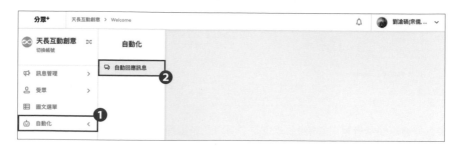

❶ 點擊「自動化」。

❷ 點擊「自動回應訊息」。

❸ 點擊「建立關鍵字規則」，最多可建立 20 筆。

❹ 輸入「規則名稱」，此設定不會對好友顯示。

❺ 動作標籤：輸入「標籤名稱」後按下「Enter」建立自動標籤，當好友回覆此自動訊息後，將被同時標籤。

❻ 匹配模式：目前僅能選擇「完全」。

❼ 設定關鍵字，最多可設定 10 組。

❽ 每則回應訊息，可設定 3 則訊息，可選擇文字、圖片、可點選圖片。

❾ 狀態：可選擇「使用中」或是「停用」。

❿ 回應預覽：所有設定完成後，可在此預覽設定狀況。

⓫ 文字：可輸入 1,000 字以內的訊息。

⓬ 圖片：僅支援 .jpg 檔案，且不可大於 1MB。

⓭ 預覽文字：填寫如若無法顯示圖片時，會顯示的文字。

⑭ 可點選圖片：上傳圖片後，按下滑鼠拖拉將可以設定可點擊的範圍連結的範圍。寬度下限：1040px，僅支援 .jpg、.png 檔案，檔案不可大於 1MB。

⑮ 輸入「熱點名稱」。

⑯ 動作：可選擇「訊息」或是「連結」。

⑰ 若選擇訊息，在此框中，請填寫要顯示的「訊息」；如選擇「連結」，請填寫連結網址。

⑱ 如果要刪除，按下「垃圾桶圖示」。

⑲ 設定完成，按下「Save hotspot」。

❷⓪ 完成設定後點擊「儲存規則」。

❷① 儲存規則後,在「自動回應」主頁可看到設定。

當關鍵字設定完成後,好友輸入你所設定的關鍵字,系統將會「自動回覆」訊息給好友,同時也會幫你「自動標籤」喔!

4.14.3 分眾＋功能介紹－圖文選單

使用官方帳號原始的圖文選單，設定完成後，所有人都是看到同一份圖文選單，但在分眾＋功能中則可分門別類讓不同族群的客戶看到不同的圖文選單，來提供不同的客戶服務。

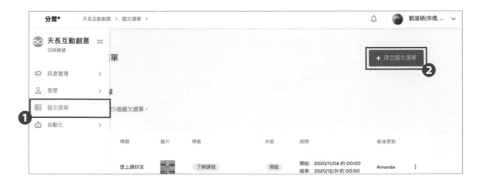

❶ 點選「圖文選單」圖示。

❷ 點選「建立圖文選單」。

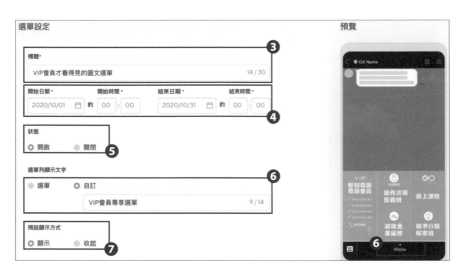

❸ 標題：可設定標題管理圖文選單，此設定不會對好友顯示。

❹ 設定時間：設定在好友裝置上顯示的時間，僅能顯使一個圖文選單，如時間重複，將依照圖文選單的排序高低來決定。

- 由於伺服器處理問題，好友端顯示會需要花一些時間，所需時間取決於網路狀況及帳號中的好友數。

❺ 狀態：可選擇是否在好友端顯示圖文選單。

❻ 選單列顯示文字：選單欄中顯示的文字。

❼ 預設顯示方式：如果點選「顯示」，當好友進入聊天室，會自動顯示圖文選單；如果點選「收起」，則不顯示。

❽ 點選「標籤」，標籤中需要兩人以上的好友，才能夠被使用。

❾ 製作選單：點選「版型選擇」。

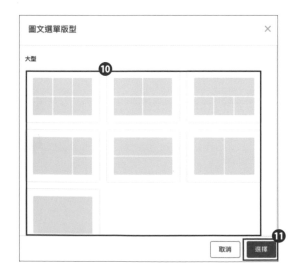

⓾ 選擇「版型」。

⓫ 確認版型後，點選「選擇」。

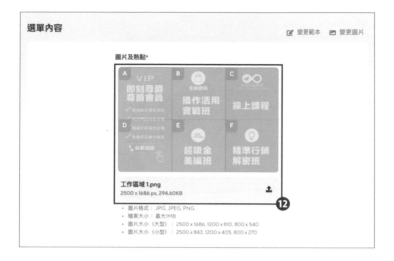

⓬ 上傳選單圖片。

- 圖片格式： JPG, JPEG, PNG

- 檔案大小： 最大 1MB

- 圖片大小（大型）： 2500 x 1686, 1200 x 810, 800 x 540

- 圖片大小（小型）： 2500 x 843, 1200 x 405, 800 x 270

- 如要「變更格數」或「圖片」，請選擇右上方的「變更範本」或是「變更圖片」

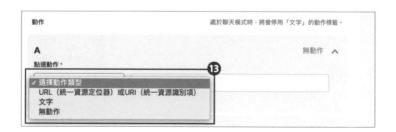

⓭ 點選動作：有三種可以選擇。

- URL（統一資源定位器）或 URI（統一資源識別項）

- 文字

- 無動作

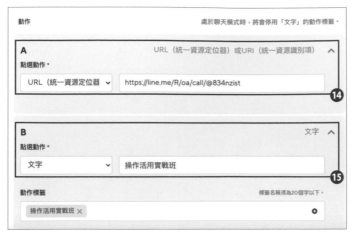

⓮ URL（統一資源定位器）或
URI（統一資源識別項）：填
寫連結網址。

⓯ 文字：若選擇文字時，可同
步設定動作標籤，當好友點
擊此區塊後，將被同時標註
標籤。

⓰ 點擊「儲存」完成設定。

圖文選單＋自動回應訊息生活小應用

▶ 先將自動回應的關鍵字設定完成後，設定圖文選單
的點選動作為文字，設定回應的文字內容。

▶ 為自動回應的關鍵字，當用戶點選圖文選單時，回
應的文字將可叫出之前設好的自動回應訊息。

4.14.4 分眾＋功能介紹 – 群發訊息

除了上述介紹功能之外，分眾＋還有群發功能，可以幫助你群發訊息給特定有設定標籤的用戶。

 使用動作標籤分眾群發需達 21 人才可使用。

❶ 點擊「訊息管理」。

❷ 點擊「群發訊息」。

❸ 點擊「建立群發訊息」。

❹ 輸入「群發訊息名稱」，此設定不會對好友顯示。

❺ 每則群發訊息可設定 3 則訊息，可選擇「文字」、「照片」、「影片」、「可點選圖片」。

❻ 點擊「下一步」進入下一個步驟，如想要稍後編輯可先「儲存草稿」。

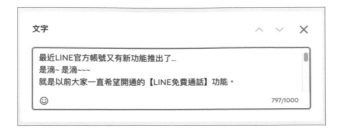

- 文字：可設定 1,000 字內的文字訊息。

- 照片：圖片不可以超過 1MB。

- 影片：僅支援 .mp4、.m4v 檔案。影片檔案不可大於 10MB。

- 可點選圖片：上傳圖片後，圖片上可設定點擊熱點，用滑鼠拖拉到要讓好友點擊的區塊。
- 寬度不能低於： 1040px。
- 僅支援 .jpg、.png 檔案。
- 圖文訊息圖片檔案不可大於 1MB。

熱點設定

熱點名稱

線上課程

動作	訊息*
訊息 ∧	線上課程
訊息 連結	4/400

🗑 取消 送出

- 熱點設定：可點選上述已經框選好的區塊（灰白色部分），便會出現熱點設定選項，即可進一步輸入「熱點名稱」，並設定點擊後要使用「訊息」或是「連結」形式。
- 訊息：點擊後回覆的文字內容，可以搭配自動回應訊息關鍵字使用。
- 連結：設定點擊後連結的網址。
- 設定完成後點擊「送出」；若想刪除此點擊熱點，可按左下方的「垃圾桶圖示」。

選擇受眾（受眾有以下四種受眾可以選擇）

❼「所有追蹤者」：傳送訊息給所有好友（不包含封鎖的好友）。

❽「活躍追蹤者」：傳送過訊息給曾經閱讀過訊息、傳訊給官方帳號或是有互動過的好友。

❾「以聊天標籤篩選」：傳送給分眾＋的受眾中有設定聊天標籤的好友。

❿「以動作標籤篩選」：可傳送給已透過自動標籤歸類的受眾，選取標籤內的受眾傳訊（每一個標籤內需有 21 個受眾，才能傳送）。

⓫ 進入下一個步驟後，可點擊「立即傳送」或是「在預約時間傳送」。

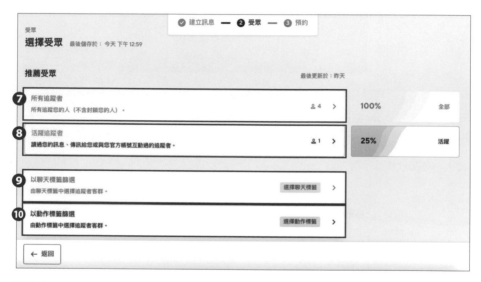

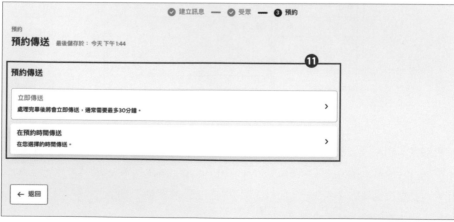

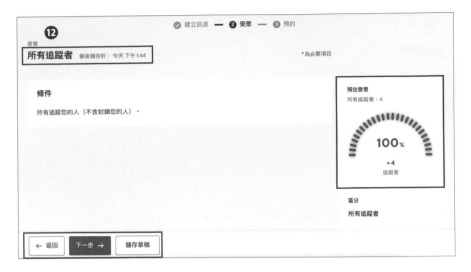

⓬ 所有追蹤者：點擊「所有追蹤者」後可看出傳送的所有好友人數，確認後按「下一步」；若要選換受眾則點擊「返回」，如果要稍後編輯，則選擇「儲存草稿」。

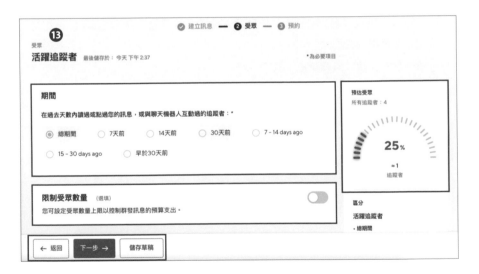

⓭ 活躍追蹤者：

- 點擊活躍追蹤者進入頁面後，可以看到總期間、7 天前、14 天前、30 天前、7 - 14 days ago、15-30 days ago 、早於 30 天前的曾經有閱讀、詢問或互動過的受眾可以選擇。

- 選擇後，右方可以看到受眾人數。

- 「限制受眾數量」開啟後，可以輸入受眾人數，防止則數超發。

- 確認後按「下一步」；若要選換受眾則點擊「返回」，如果要稍後編輯，則選擇「儲存草稿」。

❹ 以聊天標籤篩選：（目前無法與官方帳號後台相容，此部分需等待官方完善功能後方可使用）

- 傳送給設有以下至少一項標籤的追蹤者：點擊下方標籤後，會傳送給所選標籤加起來的受眾。
- 傳送給設有以下所有標籤的追蹤者：若選擇 A 標籤及 B 標籤，會選出 AB 標籤都有的同一組人，會剔除沒有相同的受眾。
- 右方可看到受眾人數、所選標籤、剩餘則數。
- 選擇受眾後按「下一步」進入下一步。

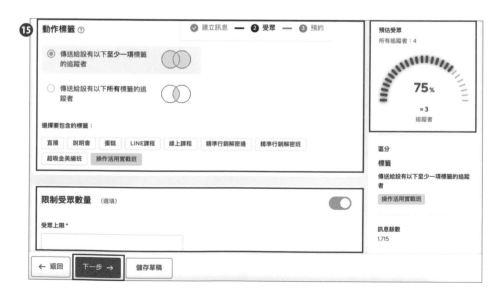

⓯ 以動作標籤篩選：

- 傳送給設有以下至少一項標籤的追蹤者：點擊下方標籤後，會傳送給所選標籤加起來的受眾。
- 傳送給設有以下所有標籤的追蹤者：若選擇 A 標籤及 B 標籤，會選出 AB 標籤都有的同一組人，會剔除沒有相同的受眾。
- 「限制受眾數量」開啟後，可以輸入受眾人數，防止則數超發。
- 右方可看到受眾人數、所選標籤、剩餘則數。
- 選擇受眾後按「下一步」進入下一步。
- 選擇受眾後，人數需超過 21 人才能夠發送。

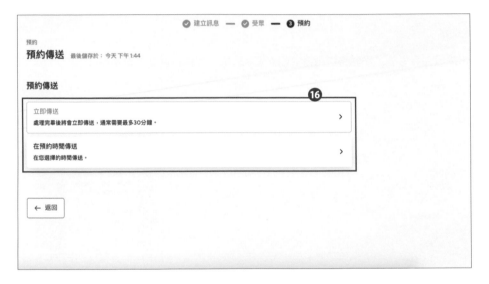

⓰ 進入下一個步驟後，可點擊「立即傳送」或是「在預約時間傳送」。

⑰ 預約傳送：

- 選擇預約傳送後，點擊傳送日期並輸入發送時間。確認後點擊「查看摘要」進入下一步驟。

⑱ 「立即傳送」或是「在預約時間傳送」都會進入確認頁面，確認無誤後按下「刊登群發訊息」，
則完成群發。

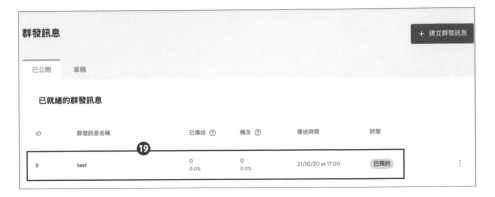

⓳ 群發訊息發送出去後，在列表中可以看到發送狀態。

⓴ 群發訊息發送完成後，會出現在下方列表中。

圖文訊息＋自動回應訊息生活小應用

▶ 先將自動回應的關鍵字設定完成後，設定圖文訊息的點選動作為文字，內容為自動回應的關鍵字，當用戶點選圖文訊息時，回覆的文字，將會叫出自動回應訊息，這樣同時也會幫你自動標籤喔！

4.14.5 分眾＋功能介紹——受眾設定

受眾 → 標籤列表

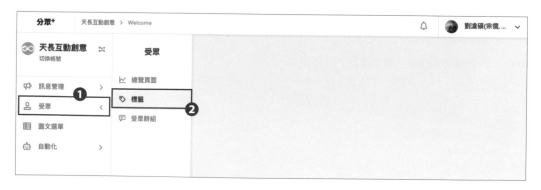

❶ 點選「受眾」圖示。

❷ 點選「標籤」。

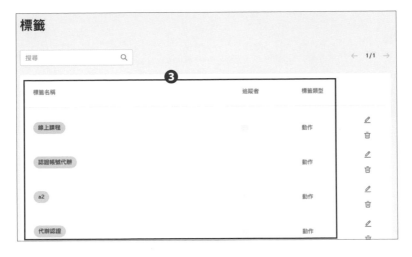

❸ 在此可以看到所有標籤列表以及每一個標籤的追蹤者人數，可以點選「鉛筆」圖示，進行修改名稱；點選「垃圾桶」，則可以刪除標籤。

受眾 → 受眾群組

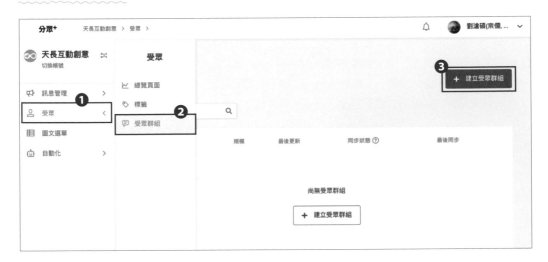

❶ 點擊「受眾」圖示。

❷ 點擊「受眾群組」。

❸ 點擊「建立受眾群組」。

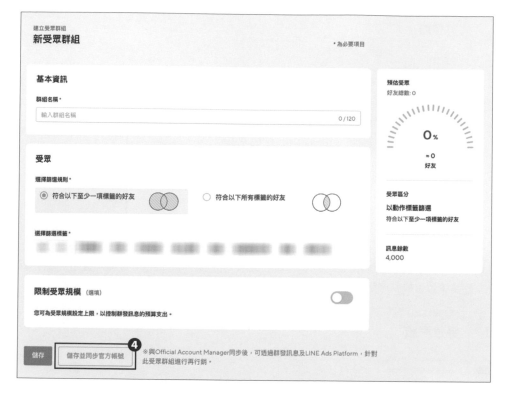

❹ 設定完成受眾群組後，可以選擇分眾＋的標籤同步功能，如此一來就會將受眾群組，直接轉換到 LINE 官方帳號中的「受眾」（電腦後台 → 主頁 → 資料管理 → 受眾），不用再重新設定。同步後，就能夠針對建立好的受眾群組，進行「再行銷」。例如：

• 針對已經建立為「操作活用實戰班」的標籤受眾，直接轉換 LINE 官方帳號中的「受眾」，便能夠在群發訊息時，直接選擇此「受眾」群體，再次發送課程訊息給對方。

• 或針對「操作活用實戰班」的標籤受眾，將資料分享至 LINE Ads Platform，並群發相關課程廣告給該受眾群體。

5

終極心法篇

5.1 LINE 官方帳號成功店家都是這樣做的，跟客人互動就是要…

LINE 維繫著我們與好友之間的關係，而 LINE 官方帳號則讓店家和客人可以輕鬆地建立關係與對話，將客人當作是好友一般的對待與對話，是 LINE 官方帳號經營店家一定要具備的一項基本功，且讓我們來看看幾個案例，看看成功店家都是怎麼做到的。

5.1.1 魔法般的親切魅力，讓客人愛上你的訣竅！

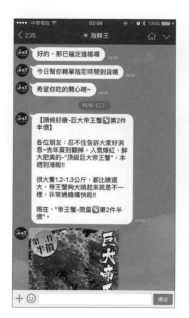

「營造好友般的顧客關係」一直是海鮮王經營的目標。一開始只是單純地想要透過 LINE 官方帳號舉辦抽獎活動，沒想到意外引起廣大迴響，客人紛紛詢問是否開放購買，也因此開啟了與客人之間的對話，原本客人只是透過網站購物，使用 LINE 官方帳號後，客人可以更即時、更快速的透過一對一聊天和店家互動，而海鮮王成功之道，也在於不讓客服只停留在解決客戶問題與銷售層次，而是透過一對一的方式和

客人建立更進一步的關係，從親切的問候與回覆客人問題，每一個小細節都注意到「人情味」，打破虛擬店家無法像實體店家和客人接觸、碰面的隔閡，透過即時以及具有人情味的對話，大大地提升客人的黏著度，每天都會有數十位忠實的好友，在 LINE 官方帳號中問候「早安」，海鮮王也都一一回覆訊息，不漏掉、不輕忽每個訊息，讓客人有到賓至如歸的感受！

💬 如同好友一般的對話，就能充滿魔幻般親切力量！

「如同好友一般的對話」看似簡單，但是真的要落實，其實有許多小細節要注意，不把客人當客人看待，而是當作自己的好友看待，海鮮王不僅有安排固定負責回覆客人問題的客服人員，執行長也會不定時親自回覆，將每一個客人都當作自己的好友對待，客人自然而然地就會感受到跟「一般公司」只是由客服人員做回覆，很不一樣的互動經驗，透過親切、人情味，創造良好的互動體驗，讓客人的回流率大大地提升。

此外，海鮮王亦會透過定期的「抽獎活動」跟客人建立關係，最讓海鮮王覺得神奇的是，幾乎每次抽獎活動，抽中的得主，都還會詢問是不是可以加購，因為每次抽獎活動，送出贈品時，都是免運費，客人想到既然免運費，是不是可以加購其他商品一併寄送，當然不僅僅只是免運費這麼簡單，能夠有這樣的成效，還是在於平時累積下來的互動基礎與信任度！

海鮮王 / @seafoodking

實績成效：

- 高單價產品也能暢銷：LINE 官方帳號分享限定波士頓龍蝦，3 小時內訂單量就突破 30 隻！
- 成交率最高的平台：LIN 官方帳號分享限定的 Pizza 商品，短短 4 小時內就賣出 300 多組！

5.1.2 糟糕，發生錯誤，別擔心這樣做，就可以扭轉劣勢

「賠錢都會送喔！」有一次因為抽獎功能設定上的問題，原本只打算送出三份禮物，結果在抽獎券發出後，不到一小時內，竟然已經有十位抽中，當時擺擺桌老闆想著：「抽多少送多少啊，讓好友高興最重要！」於是硬咬著牙，全數送出！但也因為這次的「美麗誤會」，收到許多客人的回饋，不僅覺得店家有誠意，更覺得老闆「夠意思」，還有許多客人都回覆：「會多介紹朋友購買！」來幫老闆加油、打氣，所謂「塞翁失馬、焉知非福」，經過此事件後，反而凝聚更多的忠實好友。

同時店家也發現，透過即時互動以及善用 LINE 官方帳號群發訊息特性，可以很方便地設計「快閃」活動類型的驚喜方案，炒熱銷售氣氛，同時又可以針對熟客人，直接表達自己的關心、問候。新客人有任何關於產品、購物的疑問，也可以透過 LINE 官方帳號獲得更即時、快速的回覆，藉由持續的互動與經營，擺擺桌也發現，好友自然的慢慢增加，而封鎖率也呈現降低的趨勢。

其實，像擺擺桌發生錯誤的問題，不僅僅只是在操作使用新的行銷工具時，店家有可能遇到，在平常經營時，也有可能因為不確定的原因而造成疏失，但只要店家秉持著誠信、真誠的態度，面對與處理，相信都能夠化危機為轉機，店家面對事情的心態，才是真正左右事件的發展關鍵！

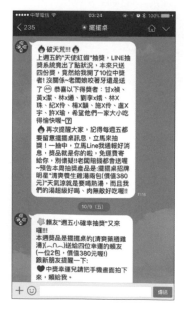

擺擺桌 / @bbj888

實績成效：

- 抽獎活動，中獎者有 85% 都會加購，平均加購金額高達 1,600 元。
- LINE 官方帳號推限時限量組合，15 分鐘完售 18 組，共約 45,000 元。

5.1.3 愛情長跑久了，沒有新鮮感，跟客人互動也是如此，怎麼辦？

Queen House 法式手工甜點很重視每一次與客人接觸的機會，因為每一次接觸都是可以跟客人成為好友的重要機會，如果沒有善加把握，機會稍縱即逝！店家從店面外觀以至於店內的每一個小地方，都放置了相對應的 LINE 官方帳號立牌、桌牌與海報，無論是新客經過或是舊客拜訪，馬上都可以注意到 LINE 官方帳號的 QR Code 和加入好友的訊息，對於每個客人都會親切、耐心的主動介紹加入 LINE 官方帳號好友的好處（可享終身 95 折優惠等）以及如何使用 LINE 掃描 QR Code，當客人加入後，也會透過一對一聊天的方式和客人親切的互動、聊天，同時也會善用 LINE 官方帳號各項功能來跟客人保持互動，而不會只是固定發送「群發訊息」。例如，使用「投票＋抽獎功能」，讓客人猜猜哪項甜點是店裡最熱賣的商品；也會透過主頁的方式，詢問客人意見以及店裡生活大小故事的紀錄，不管是實體店面或是 LINE 官方帳號，任何一個可以跟客人保持互動的可能都加以掌握、不錯過機會！

此外，人家常常說愛情長跑久了就沒有新鮮感，同樣的，如果我們跟客人的互動，雖然會關心對方、會主動問候，但是關係久了，有時就會少了些新鮮感，怎麼辦呢？Queen House 會透過舉辦一些創意行銷活動，來保持與客人互動的新鮮感，例如：舉辦「幸運客」活動，當客人到店裡時，就會請他們在黑板上畫個 X，第五位、第十位⋯，依此類推，到店裡的客人，就會得到不同的小甜點，透過這樣創意活動，增加與客人之間的話題性，常保新鮮，客人黏著度非常高，屢創銷售佳績！

Queen House 法式手工甜點 / @queenhouse88

實績成效：

- 3 小時完售 500 個草莓千層派。
- 3 天銷售 120 個北海道生乳捲。
  （當時好友人數僅 300 多人）

以上這些案例的店家，其實都有個共通點：店家都使用「一對一聊天」。我們在輔導店家經營與使用 LINE 官方帳號的過程，發現要與客人建立長久具有黏度的關係，最好的方式就是透過「一對一聊天」，最能夠快速與客人拉近關係、建立信任。或許有些店家礙於人力、時間，會覺得要使用自動回覆，擔心使用「一對一聊天」會耗掉太多的時間和人力成本，但是，請相信我，這樣的投資絕對可以換回更可觀的報酬！

因此，當你開始導入使用 LINE 官方帳號時，若好友人數尚未超過幾千人，回覆的訊息還不是到了無法負荷的情況下，我建議先採用「一對一聊天」先和客人建立關係，才是首要之舉！

5.2 LINE 官方帳號這樣用太可惜，粉絲、好友傻傻分不清楚！

雖然本書主軸在於店家如何善用 LINE 官方帳號行銷工具，但是，並非要店家「僅」使用 LINE 官方帳號，因為不同的行銷平台與工具，各有其特色與特點，在不同的平台經營後，再將客戶或粉絲導入到店家的 LINE 官方帳號持續經營。但是，常常看到許多店家在使用 LINE 官方帳號時，都會犯幾個錯誤，非常可惜，如此一來就讓 LINE 官方帳號失去功效囉！

5.2.1 粉絲變好友？好友變粉絲？

在討論「粉絲變好友」？「好友變粉絲」？這個問題前，我們先來看下面這兩個例子：

這兩個例子的「歡迎訊息」有三個共通點：第一、都有附上 Facebook 連結；第二、都有加上官方網站連結；第三、訊息都非常的長，資訊太多！

這樣究竟會有什麼問題呢？許多店家都巴不得將自家所有的資訊一口氣告訴客人，不管是網站、粉絲專頁、電話等等，全部都出現在歡迎訊息列上，其實這樣只會「嚇到」客人而已，很多人反而會因為感覺訊息過多而直接封鎖店家。其次，一開始提供客人這麼多資訊，反而容易造成失焦，讓客人不知道到底要到官方網站還是到粉絲專頁找資訊，而且大家換個角度思考，如果是你加入店家的 LINE 官方帳號，一下子看到這麼多的網站連結，你真的會想要點進去嗎？我相信大多數人都不會去點選，因此，應該是「己所不欲，勿施於人」，而不是「己所不欲，強加於人」。

此外，究竟是「粉絲變好友」還是「好友變粉絲」呢？這時候店家就要想想，為何要用 LINE 官方帳號呢？LINE 官方帳號的特性究竟是為何？之所以要使用 LINE 官方帳號，就在於其相較於 Facebook，擁有「群發訊息」以及「百分百觸及率」的優勢，當客人加入 LINE 官方帳號之後，只要他不封鎖店家，未來我們就能夠主動出擊，發送訊息給對方，但是 Facebook 就不一樣囉！即使客人加入粉絲專頁，就算有點選「讚」、「搶先看」，未來店家發送訊息，客人也不一定會收到。

相信很多店家在募集好友時，就是透過粉絲專頁或是網站募集好友，他們之所以知道店家的 LINE 官方帳號，本來就已經知道店家的粉絲專頁、網站，這時店家還在歡迎訊息中貼出粉絲專頁或網站，反而是多此一舉！再者，如果客人是從購物網站或是實體店面加入，即使他們原先不知道店家的粉絲專頁，也不需要讓他們知道，因為當你辛辛苦苦、好不容易引導客人加入 LINE 官方帳號之後，應該盡可能地想盡方法，讓他願意留在 LINE 官方帳號中與你保持互動，而不是告訴客人，我們有粉絲專頁，讓客人再去加入粉絲專頁，因為他們加入 LINE 官方帳號之後，店家發訊息他們就都會收到，多說反而模糊焦點，況且就算客人願意加入，未來店家發訊息時，對方還不一定會收到，日子久了反而逐漸淡忘，便失去這位客人。

因此，我會建議店家，將 LINE 官方帳號定位在「家」的概念，讓每個客人都會想要「回家」跟店家做互動的意願，店家可以有許多不同的社群網站和平台，用來作為宣傳品牌形象、招募新客，而 LINE 官方帳號因為可以做到「群發訊息」又可以「一對一聊天」，非常適合與客人作為互動之用，因此可以將 LINE 官方帳號運用在於跟熟客互動溝通、建立更進一步、深度的關係上，會是店家在整個社群經營架構中的最後一環（當然有些店家如果只有使用 LINE 官方帳號，那不僅是最後一環，也是最前端和客人接觸的一環）！

所以，應該是將不同的社群平台或是官方網站、購物網站中所招募的新客、粉絲，一步步的導入 LINE 官方帳號，讓客人願意停留在 LINE 官方帳號中，與店家更進一步的互動，讓客人對於店家的 LINE 官方帳號產生黏著度，未來店家在宣傳、發佈新訊息時，客人就能在第一時間收到並且直接和店家互動！千萬不要再將 LINE 官方帳號的好友，導出到其他平台，這樣就太可惜囉！

💬 營造 LINE 官方帳號成為一個溫馨的家，客人自然就會想要回家！

5.2.2 業績問題不在好友人數多寡，
##　　　而是你還不知道「　」⋯

如同 Facebook 粉絲專頁一開始，許多店家比較的都是粉絲人數多少，現在許多店家在使用 LINE 官方帳號時，一樣爭先恐後在比較好友人數，坊間甚至出現許多號稱可以快速募集好友的操作手法和軟體。

事實上，業績問題跟好友人數並沒有直接、相對的關係。透過不當軟體加入好友的方式，雖然很快速地讓好友人數加入，但是一旦開始發送訊息後，便會發現封鎖率大增，封鎖率到達 50～60% 的不在少數，業者通常會標榜「數大法則」，今天加入一萬個好友，就算被封鎖一半，也還有五千人，總比你慢慢經營，從一百、兩百到五百慢慢累積來得有效。

是的，我相信在初期會有效果，很多店家都會很容易就被說服，但是「路遙知馬力、日久見人心」，雖然慢慢經營，一個一個好友慢慢累積，速度可能比較慢，但是，每一個好友都是扎扎實實，對於店家有興趣、有喜好才會加入，經營越久，客人和店家的互動率越高、黏著度越高，回流率也會有顯著的增加；反之，用軟體快速加入好友的方式，並不是每一個加入的人都對商品感興趣，一開始人數會很多，但是隨著店家發送「群發訊息」的頻率增加，封鎖的人數就會越來越多，好友人數開始大幅減少，客人的回流率、忠誠度都不高。以前面提到的海鮮王為例，當他們用心與客人互動，創造有人情味的對話，在他們推出 LINE 官方帳號好友限定好禮海鮮披薩時，透過平時日積月累、蓄積已久的互動能量，瞬間大爆發，短短四個小時，賣出三百多組，或許有人會覺得那一定是好友人數很多，錯囉！當時創造出如此神奇

的佳績時，海鮮王的好友人數不過六百多人，換句話說，平均兩個 LINE 官方帳號好友，就有一個人購買海鮮披薩！

業績問題的關鍵不在於好友人數的多寡，而在於店家有沒有真的用心經營與客人的互動與對話！千萬不要小看這股平日一點一滴蓄積的互動能量，不僅會反映在業績成長，更會帶動口碑效應，一個傳一個，讓好友人數快速增加。

沒有任何的快速捷徑，經營、互動、對話，無論是實體店家的經營，亦或是網路電商、社群平台，這是永遠不變的法則！與其花錢、花心思只是在想如何快速增加好友，不如用心好好地對待你的好友，一個一個用心經營，與之互動。

5.2.3 消費者不是笨蛋，真正的笨蛋是「　」…

許多店家想要使用 LINE 官方帳號的原因，都是因為可以群發訊息，而且有免費訊息可以使用，就算是超過免費額度，購買推廣方案的費用也比使用手機簡訊發送來得便宜與有效！這點的確是 LINE 官方帳號很大的優勢，因此，許多店家將 LINE 官方帳號當作是「電子報」或「手機簡訊」的「升級版」，作為發送商品訊息、廣告的新途徑。但是，各位店家試著回想看看，為何現在電子郵件、手機簡訊發送的開封率效果這麼差，不就是因為客人不喜歡一直看到廣告訊息嗎？電子郵件有「垃圾信件」機制、手機簡訊有「黑名單」功能，同樣的，客人不喜歡你的訊息，一樣可以封鎖你的 LINE 官方帳號，時代在變、行銷工具在變，店家經營的思維也要跟著改變。

消費者是非常聰明的！舉兩個例子，大家一定都有體會。第一、通常你在使用 Facebook 時，進到首頁動態消息後，你會特別去注意右邊頁面的資訊嗎？大部分人都不會對吧！為何？因為知道右邊是「廣告」，所以，會自動忽略右邊的訊息；第二、當你下載 LINE 貼圖之後，標準動作是什麼？很多人就是直接刪除、封鎖。為何？因為目的已經達到，客人想要的是貼圖，而不是真的對於該品牌有喜好，自然就會刪除與封鎖。因此，我一直在強調如何真正的跟客人建立關係，才是店家首要注重、思考的問題！

5.3 LINE 官方帳號這樣賣，什麼商品都好賣！

最後跟店家分享終極心法，究竟 LINE 官方帳號在群發訊息、一對一聊天時，怎樣賣商品，才會好賣呢？怎樣的訊息才能真正的吸引客人注意呢？

5.3.1 我們賣的不是商品，而是「　」…

許多店家對於自己的商品品質、優點都充滿信心，但是常常苦於怎麼就是不受青睞，沒有人買單呢？舉例來說：「每一口除了濃郁的巧克力的香氣，加上獨特的抹茶茶香佐上巧克力重乳酪，都是獨特的享受！立即訂購『宇治巧克力重乳酪塔』！」以這個例子而言，文案寫得還不錯，但是，總覺得缺乏一種感覺，是怎樣的感覺好像又說不上來，只是覺得好像很多店家的文案都會這樣寫，除非看到圖片或是實品，不然好像不會有馬上購買的衝動。而這種感覺究竟是什麼呢？什麼樣的感覺才會讓人想要購買，而且是「立刻」想要購買呢？

關鍵就在於「情感」！人是情感的動物，對於「情感、感覺」都會特別的敏銳，如果只是一味地強調自家的產品有多好，很容易引導客人進入「理性、比較」的思維，因為店家都是透過「理性」的方式在介紹商品，客人就會開始想說真的這麼好嗎？會不會是假的？或是進入一種「比較、比價」的思維模式，但是，如果我們在「群發訊息」或商品文案，可以注入一點點「情感、情境」，就會賦予商品不同的生命力！

大家可以試著練習這樣的句子：我們賣的不是「保險」，而是「　」！

我們賣的不是「保險」，而是「一生幸福的承諾！」；我們賣的不是「保險」，而是「創造全家幸福與喜悅的責任」，你會發現使用情感、情境的元素，讓原先生硬、甚至令人反感的保險商品，有了全新的生命力！同樣地，我們來改造一下剛剛甜點的例子：「每一口除了濃郁的巧克力的香氣，加上獨特的抹茶茶香佐上巧克力重乳酪，隨著香氣彷彿重回初戀般的滋味，洋溢著單純美好的幸福感，一起來品味這青春的甜美滋味吧！」

當然情感元素，不是要各位店家灑狗血或是只是靠文案吸引客人，最重要的還是在於如何跟客人互動，以店家自身的經驗、故事，產生與客人具有共鳴的情感、情境，才會是商品真正熱賣的原因！

5.3.2 原來高單價的商品——賓士汽車、鑽石都是這樣子賣的！

很多人會覺得 LINE 官方帳號好像比較適合餐飲業，或是客單價比較低的商品、店家類型。無獨有偶，越來越多高單價行業也紛紛開始導入使用 LINE 官方帳號，而且獲得非常好的效果。不過一開始，當他們聽到 LINE 官方帳號時，也和大多數人的想法、印象一樣，「咦！LINE 官方帳號真的會有幫助嗎？那不是應該是像餐飲業之類，才比較適合使用嗎？」不過，想到 LINE 官方帳號具有「群發訊息」功能，覺得蠻方便的，就開始使用，至少比起在路邊發傳單、發送電子報等等要來得方便、有效。

一使用後，發現客人很習慣在 LINE 官方帳號上詢問問題、互動，常常會透過 LINE 官方帳號詢問問題，同時店家又可以即時回覆，非常方便，以 Saeki motors 為例，還特別開設「總經理熱線」，客人一加入 LINE 官方帳號就能夠直接和總經理對話，吸引許多客人因為好奇而加入，透過趣味、專屬、尊榮的感受，讓許多客人覺得非常便利，並且與店家建立良好的信任關係，即便是超過百萬的汽車，一樣可以透過 LINE 官方帳號銷售。

所以，工具永遠只是工具，怎樣運用以及怎樣與客人建立互動、信任關係，才是最重要的一環，透過 LINE 官方帳號的橋樑，只是方便店家和客人搭起溝通、互動的管道，如何善用「一對一功能」與其他相關功能，持續和客人建立互動、信任關係，才是真正能夠銷售出高單價商品的主要原因！

在我們輔導店家的經驗中發現，無論是大型企業、知名連鎖品牌，乃至於在地店家，都有許多成功經驗與案例。真正成功的因素其實只有兩點：第一、積極、用心的態度：不僅對於自家商品用心，更在意與客人之間的互動，積極把握住每一個與客人互動的機會，而非只是等待機會上門；第二、接收新事物挑戰的勇氣：十分願意嘗試新工具的使用，勇於嘗試並且從過程中學習經驗，同樣開店，有人成功、有人失敗，成功者永遠從錯誤中學習，失敗者永遠從錯誤中批評，端看自身的選擇。

💬 成功只在於自身選擇的一念之間！

最後，如果你在使用 LINE 官方帳號有任何的喜悅與成效，歡迎隨時與我分享！

天長互動創意 / @tcsky

最新 LINE 官方帳號｜邁向百萬星級店家

作　　　者：劉滄碩
企劃編輯：江佳慧
文字編輯：王雅雯
設計裝幀：張寶莉
發 行 人：廖文良

發 行 所：碁峰資訊股份有限公司
地　　　址：台北市南港區三重路 66 號 7 樓之 6
電　　　話：(02)2788-2408
傳　　　真：(02)8192-4433
網　　　站：www.gotop.com.tw
書　　　號：ACV046600
版　　　次：2023 年 11 月三版
建議售價：NT$500

國家圖書館出版品預行編目資料

最新 LINE 官方帳號：邁向百萬星級店家 / 劉滄碩著. -- 三版.
　-- 臺北市：碁峰資訊, 2023.11
　　面；　公分
　ISBN 978-626-324-666-9(平裝)
　1.CST：網路行銷　2.CST：網路社群
496　　　　　　　　　　　　　　　112017537